U0169504

五堂极简
生物课

［英］保罗·纳斯（Paul Nurse）著

于是 译

湖南科学技术出版社　博集天卷

WHAT IS LIFE?

UNDERSTAND BIOLOGY IN FIVE STEPS

FROM NOBEL PRIZE WINNER

PAUL NURSE

EDITED BY BEN MARTYNOGA

在我们身边，生命无处不在，

丰富多彩，各式各样，精彩非凡。

但是，生命——活着——究竟意味着什么呢？

诺贝尔奖得主保罗·纳斯以其毕生研究揭示了活细胞的运作原理。借由本书，他接受了一个挑战：用每个读者都能理解的方式定义生命。这是一场邀你共享的发现之旅；他一步步阐明了五个堪称生物学支点的重要概念，也从自己的好奇心和学识说起，揭示了科学的运作方式。

当今的人类面临很多危机——从气候变化到流行瘟疫，从生物多样性的丧失到食品安全问题——若要幸存下去，我们所有人首先必须理解生命是什么。

献给安迪·马蒂诺瓦，一位挚友，一位慈父，

还有我的孙儿佐伊、约瑟夫、欧文和乔舒亚，

和他们的同代人，

他们亟须爱护我们这个星球上的生命

目 录

引　言

　　让我第一次正儿八经思考生物课题的可能是一只蝴蝶。那时我十二三岁，正是早春时分，那只黄色蝴蝶扑扇着翅膀飞过栅栏时，我刚好坐在花园里。它拐了个弯，盘旋着短暂地悬停在空中，刚好够我注意到它双翅上的精致纹路和斑点。之后，一个阴影惊扰了它，它又飞走了，消失在对面的栅栏后。那只图案复杂、形态完美的蝴蝶让我陷入了思考。它与我完全不同，但又有种说不清道不明的熟悉感。和我一样，它显然是活生生的：它能移动，能感知，能做出回应，似乎非常清楚自己要做什么。我发现自己想搞明白：所谓"活着"究竟意味着什么？换言之，生命是什么？

　　此生的大部分时间里，我都在思考这个问题，但要找出一个令人满意的答案却并不容易。尽管各个时代的科学家们都曾纠结于这个问题，但至今也没有一个关于"生命"的标准定义，这是不是很让人诧异？就连本书的书名[1]"生命是什么"都是从物理学家薛定谔那儿厚着脸皮偷来的，他在1944年出版了极具影响力的同题著作。他主要关注的是生命的一个重要方面：根据热力学第二定律，宇宙不断趋向无序和混沌状态，那么，在这样一个世界里，生物何以能在一代又一代的传承中保持如此惊人的秩序和统一性？薛定谔准确地抓住了一个核心问题，并且认定，解开遗传的密码就是关键所在——理解基因是什么，以及它们如何在代际间忠实地传递下去。

　　在这本书里，我提出了同样的问题：生命是什么？但我认为仅解决遗传问题并不能得到完整的答案。所以，我将引入生物学的五个重要概念，让我们以此为台阶，一步步攀升，更清楚地看到生命是怎样运作的。这些概念大多流传已久，在解释生物体如何运作上，已得到广泛的接受。不过，我将以全新的方式把这些观点组合起来，并发展出一套定义生命的统一原则。希望它们能帮你以全新的眼光看待这个生机勃勃的世界。

　　开门见山地说：生物学家们通常羞于大谈特谈"大概念"或"大猜想"。在这方面，我们和物理学家们有天壤之

---

1. 这里指的是英文原版书名。——编者注

别。我们有时会给人留下这样一种印象，我们更喜欢沉浸在细节、分类和描述之中，能让我们怡然自得的尽是些琐事：列出某个栖息地的所有物种、数甲虫腿上有多少腿毛，或是给成千上万的基因排序。也许正是因为大自然的多样性令人目眩神迷，甚至招架不住，我们似乎很难找出一个简单的原则或放之四海而皆准的概念。然而，在生物学中确实存在这种重要的统领性概念，而且它们有助于我们在面对复杂的生命现象时厘清思绪，进而理解生命的意义。

我要向你们阐释的五个重要概念是：细胞、基因、自然选择的进化、生命的化学，以及生命的信息。我会解释这些概念的源头和重要性，以及它们之间的关联，同时，我还想让你们知道：时至今日，随着世界各地的科学家们提出新的发现，这些概念仍处在变化和发展中。我也想让你们体验一下参与科学发现的感觉，所以我会把这些科学家介绍给你们，其中不乏我的朋友。我还会向你们讲述我自己在实验室里的种种体验，比如灵光乍现的时刻、挫败的时刻、幸运的时刻，以及有了新发现的时刻——这一刻百年难遇但美妙无比。我的目标就是和你分享科学发现有多么激动人心，让你一同感受当我们对自然界的了解越来越多时的满足感。

人类活动正在把气候和由它维持的许多生态系统逼向

极限，甚至超出了自然所能承受的范围。为了让我们所知的生命延续下去，我们需要深入地了解从研究这个生物世界中获悉的一切知识。这就是生物学在未来数年乃至几十年里会变得越来越重要的原因：对于人类该如何生活、生育、饮食、医疗以及免受流行病侵害，生物学越来越能左右我们的选择。我会举一些生物学知识的运用实例，以及随之而来的两难抉择、伦理上的不确定性以及可能出现的意外后果。但是，在围绕这些话题展开讨论前，我们首先要问一问：生命是什么？生命是如何运作的？

我们生活在一个浩瀚无边、令人敬畏的宇宙中，而在这个广阔整体的小角落里繁衍生息的生命是宇宙中最迷人、最神秘的部分之一。本书中的五个概念好比台阶，我们可以拾级而上，逐步揭示定义地球上的生命的诸种原则。这也将帮助我们去思考这个星球上的生命最初是如何诞生的，以及假如我们在宇宙的其他地方发现了生命，那些生命体又会是什么样的。无论你的起点在哪里——哪怕你自认为对科学知之甚少，甚至一无所知——等你读完这本书，你都会更加理解：你、我、精巧的黄色蝴蝶，和这个星球上的所有生物都是息息相关的，这就是我的终极目的。

我衷心希望我们能携手同行，在理解生命真谛的旅程中离目标更近一步。

一 细胞
The Cell

生物学的原子

Biology's Atom

我第一次看到细胞是在学校里，就在我偶遇黄色蝴蝶后不久。全班同学种下的洋葱苗发了芽，于是我们剥下球根表皮，把它们放到显微镜下观察其构成。生物课老师基思·尼尔很擅长启发我们，他解释说我们将看到细胞，它是生命的基本单位。然后，一排排整齐的箱状细胞出现在我眼前，它们规整地叠成一列又一列。多么不可思议啊！靠这么小的细胞生长、分裂，就足以将洋葱的球根推入土壤，为生长中的植株提供水分和养分，并起到固定作用。

　　我越了解细胞，就越觉得细胞很神奇。细胞有各种形状和大小，令人难以置信。大部分细胞都很小——真的非常微小——无法用肉眼看到。有一种能感染膀胱的寄生细菌，可以在1毫米的间隙中挤下3000多个细胞。还有些细胞大得离谱。要是你早餐吃了鸡蛋，不妨想一下：整个蛋黄就只是一个单细胞。我们体内的一些细胞也很大。比如，有些单个的神经细胞可以从你的脊柱底部一直延伸到大脚趾尖。也就是说，那些神经细胞各个都能长达1米！

尽管这些多样性令人震惊，但最让我感兴趣的是所有细胞的共同点。科学家一向对确认基本单位这件事充满热情，最好的例子莫过于物质的基本单位——原子。生物学中的原子就是细胞。细胞不仅是所有有机体的基本结构单位，也是生命体的基本功能单位。我这话的意思是：细胞是具有生命核心特征的最小实体。这就是生物学家所说的细胞学说的基础：就我们目前所知，地球上的一切生命，要么是一个细胞，要么是多个细胞的集合。可以确凿地说：细胞是最简单的生命。

细胞学说已有差不多一个半世纪的历史，是生物学重要的基础理论之一。考虑到这一学说对理解生物学是如此重要，我本以为它会激发大众的想象力，可结果并非如此，这令我颇为诧异。可能是因为在学校的生物课上，大多数人学到的都是仅仅将细胞视为类似砖块的构件，用于搭建更复杂的生命体。然而现实远比这有趣多了！

细胞的故事可以追溯到1665年，罗伯特·胡克（Robert Hooke），当时刚刚成立的世界上最早的科学院之一——伦敦皇家学会的成员。一项新技术催生了新的发现，这在科学界是常有的情况。由于大多数细胞都太小了，肉眼无法看到，所以直到17世纪初，显微镜被发明出来后，科学家们才发现了细胞的存在。科学家们常常身兼双职，既是理论家，也是能工巧匠，这一点在胡克身上体现得淋漓尽致。他在探索物理学、建筑学和生物学前沿的同时，还热衷于发明科学仪器。他自己制造了一台显微镜，再用它来探索肉眼看不见、始终隐藏在未知领域的新奇世界。

胡克观察的物体之一是一块薄薄的橡木皮。他看到软木是由一排又一排相叠的空洞组成的，恰如300年后身为学生的我看到的洋葱表皮细胞。胡克以拉丁语 *cella* 命名这些细胞，意为"小房间"或"小隔间"。当时的胡克还不知道，他发现的细胞不仅是所有植物的基本组成部分，也是所有生命体的基本单位。

胡克之后没过多久，荷兰科学家安东尼·范·列文虎克（Anton van Leeuwenhoek）在观察到单细胞生物时有了另一个重大发现。他在池塘水的样本中发现了游动的微小生物，并发现它们也存在于从自己的牙齿上刮下的牙垢中，这个发现让他极为不安，要知道，他本来挺为自己的口腔卫生自豪呢！他给这些微小的生物起了一个可爱的名字——微动物（animalcules），但我们现在已不再使用这个词了。他发现的那些在齿间繁衍的小东西，实际上是有史以来第一种被描述的细菌。列文虎克误打误撞，意外地开启了一个由微小的单细胞生命体统领的全新领域。

我们现在已经知道，细菌和其他种类的微生物细胞（"微生物"是所有能以单细胞形式存活的微小生物的总称）是迄今为止地球上数量最多的生命体。它们存活在一切环境中：从高空大气层到地壳深处，几乎无处不在。要是没有它们，这个世界就会停滞。它们分解废物，肥沃土壤，回收营养物质，从空气中收集动植物生长所需的氮气。当科学家们观察人类的身体时，他们发现，相对于我们身体中的 30 万亿个或更多的人类细胞，微生物细胞的数量只多不少。你——以及所有人类——都不是孤立的个体，而是一个由人类和非人类细胞组成的不断变化的群落。这些微小的细菌和真菌细胞就生活在我们的身体表面和身体内部，持续影响着我们的消化能力和抗病能力。

不过，在 17 世纪之前，根本没有人知道这些看不见的细胞的存在，更不用说理解它们工作的基本原理和所有肉眼可见的生命体是一样的了。

时间经过 18 世纪，来到 19 世纪初，显微镜及其技术得到进一步发展，科学家们很快便可以识别从各种各样的生物身上提取的细胞了。有些人开始推测，所有植物和动物都是列文虎克等前人所识别出的那些微生物的集合。由此，经过漫长的孕育，细胞学说终于圆满诞生。1839 年，植物学家马蒂亚斯·施莱登（Matthias Schleiden）和动物学家特奥多尔·施旺（Theodore Schwann）总结了自己和许多研究者的工作成果，写下结论："我们已经发现，所有生物体都是由本质上相似的部分——细胞——组成的。"一锤定音，拨云见日，科学界就这个结论达成共识：细胞是生物体结构和功能的基本单位。

当生物学家们意识到每个细胞本身就是一个生命体后，上述结论的含义变得更加耐人寻味。1858 年，病理学界的先驱鲁道夫·菲尔绍（Rudolf Virchow）[1]写道："每一个动物都是生命单位的总和，每一个生命单位都具有完整的生命特征。"

这意味着所有细胞都是有生命的。生物学家们证明这一点的方法非常生动直观：他们从动物或植物的多细胞组织中提取细胞，将它们保存在俗称"培养皿"的玻璃或塑料平底容器中。其中有些细胞系在世界各地的实验室中存活了几十年。正因为有它们，研究人员在无须处理一个完整的复杂生物体的情况下就能研究生物学过程。细胞是活的，可以移动，对环境做出反应，其内部始终处于动态。与动物或植物——或者说整个生物体相比，细胞看上去好

---

1. 鲁道夫·菲尔绍（1821—1902），细胞病理学创始人。他认为每种疾病基本上都是细胞的疾病。他于 1847 年首次识别出了白血病。——如无特别说明，本书脚注均为译者注。

像很简单，但绝对是有生命的。

然而，施莱登和施旺率先提出的细胞学说中有个要命的空白点：该学说没有解释新细胞是怎么来的。直到生物学家们认识到，细胞是通过将自身分裂成两个细胞来增殖，并得出结论：只有靠一个已经存在的细胞一分为二才能产生新细胞，这个空白才得以补全。菲尔绍用一句拉丁文警句让这个观点变得深入人心：**每一个细胞都来自另一个细胞**。这句话也有助于反驳当时仍在某些人群中盛行的错误观点：生命是从惰性物质中自发产生的——事实并非如此。

细胞分裂是一切有机体生长发育的根源。在胚胎形成的整个过程里——从单个完整的动物受精卵转化为细胞组成的球形体，最终转化为一个高度复杂、有序的生命体——细胞分裂当数第一个决定性的事件。一切都始于一个细胞分裂成两个独立的细胞。随之而来的胚胎发育也同样基于这个过程——细胞分裂再分裂，随着细胞发育成熟并分化成各种分工更细的组织和器官，精妙复杂的胚胎最终被构造完成。这意味着，一切有生命的有机体，无论大小，无论结构复杂与否，都是从一个细胞开始的。如果我们牢记，每个人都曾经是一个单细胞，一个在受孕的那一刻由精子和卵子融合而成的单细胞，那我们一定会更加尊重细胞吧。

细胞分裂也能解释身体为什么能奇迹般地自愈。如果你被这页纸的边缘割破了手指头，那么，伤口周围的细胞可以通过分裂修复伤口，让你的身体保持健康。然而，祸兮福所倚，正是因为身体具有让细胞分裂产生新细胞的能力，癌症也由此而生。癌症就是由于细胞不受控制地生长、分裂而引起的，并恶性扩散，损害身体，甚至导致死亡。

生长、修复、退化和癌变都与我们的细胞在病态和健康态、青年和老年等不同状况下的特性有关。事实上，大多数疾病都可以归因于细胞的功能失调，要想研发出新的治疗方法，首先必须了解细胞出了什么问题。

细胞学说持续影响着生命科学和医学实践的研究轨迹，也彻底塑造了我的生命历程。自13岁时，我眯着眼睛凑在显微镜前看到洋葱球根表皮细胞后，我就对细胞及其运作原理充满了好奇。在我成为一名生物学研究者后，我决定专攻细胞，特别是细胞如何自我增殖，如何控制分裂。

20世纪70年代，我的研究刚起步时，研究的是酵母菌——没错，就是大多数人认为只适合用来酿酒或做面包，并不适合用来解决生物学基础问题的酵母。但事实上，酵母菌是理解更复杂的生物体细胞运作方式的绝佳样板。酵母菌是一种真菌，但它的细胞与植物和动物细胞的相似度高得惊人。而且它们很小，培养起来相对容易，只需要喂一点营养物质，它们就能长得飞快，成本低廉。在实验室里，我们要么让它们随意地漂浮在肉汤里，要么在塑料培养皿里铺一层果冻，任由它们在果冻上面长成几毫米宽的奶油色菌落，每个菌落都包含数百万个细胞。尽管酵母细胞很简单，或者更准确地说恰恰因为它们很简单，才刚好有助于我们了解细胞在大多数有机生命体（包括人类细胞）中是如何分裂的。如今，我们对癌细胞不受控制的细胞分裂已经有所了解，事实上这要感谢如此不起眼的酵母菌。因为在癌细胞分裂这个课题上，不少知识最初都来自对酵母菌的研究。

细胞是生命的基本单位。细胞是独立的生命体，被裹在脂质（类似脂肪）细胞膜中。但是，就像原子包含电子和质子，细胞也包含更小的成分。如今，显微镜的功能非常强大，生物学家们用它来揭示细胞内复杂且通常极其美丽的内部结构。其中一些相对较大的结构被称为细胞器，每个细胞器都被包裹在各自的膜里。在所有内部结构中，细胞核是细胞的指挥中心，因为它包含了记录在染色体上的遗传指令，线粒体（在某些细胞中可能有数百个）的作用好比微型发电厂，为细胞提供生长和存续所需的能量。细胞内其他容器和隔室的功能则好比精妙的物流系统，可以构建、分解或回收细胞内的部件，还可以在细胞内部运送物质，或把物质送进或运出细胞。

然而，并不是所有生物的细胞都有这些裹在膜中的细胞器和复杂的内部结构。依据细胞核的有无，可以将生物分为两大类：含有细胞核的生物被称为真核生物，比如动物、植物和真菌；而没有细胞核的生物则被称为原核生物，它们要么是细菌，要么是古细菌。从大小和结构上看，古细菌和细菌相似，但实际上却是它的远亲。在某些方面，古细菌的分子运作原理更近似于我们这样的真核生物，反而不那么像细菌。

无论是原核生物还是真核生物，细胞膜都是细胞的重要组成部分。虽然细胞膜只有两个分子厚，但它形成了一道灵活的"墙"，或称屏障，将每个细胞与外部环境隔离开来，从而界定了"内"和"外"。无论从哲学还是实用层面上看，这道屏障都至关重要。归根结底，这解释了生命体何以能成功抵抗全宇宙那种横扫一切、走向无序和混乱的大趋势。就在那道与外界隔绝的薄膜内，细胞可以建立、培养它需要执行的内部秩序，与此同时，细胞也可以在其外部环境里制造混乱。这样一来，生命体就不会违背伟大的热力学第二定律了。

所有细胞都能觉察出自己的内部世界和周遭世界里的

变化，并做出反应。所以，哪怕它们与外界隔绝，却依然能与外部环境保持密切交流。为了维持使它们得以生存和发展的内部环境，它们也在不断地活动和工作。细胞与更多肉眼可见的生物体——比如我小时候看到的那只蝴蝶，或者说我们人类——共享这样的特质。

事实上，细胞与各种动物、植物和真菌有许多共同特征。它们生长、繁殖、自我维持，而在这一过程中，它们都展现出了一种目的性：不管怎样都必须坚持下去，必须活下去，必须繁殖，将生命延续下去。所有的细胞——从列文虎克在齿间发现的细菌，到让你读到这些文字的神经元——和所有的生物都具有这些特性。了解细胞的运作原理，我们就离了解生命的运作原理更近了一步。

细胞存在的核心是基因，也就是我们接下来要讨论的主题。每一个细胞都用基因编码指令来构建和组织自己，当细胞和有机体繁殖时，它们必须把这些基因指令传承给新世代。

二　基因
The Gene

时间的考验
The Test of Time

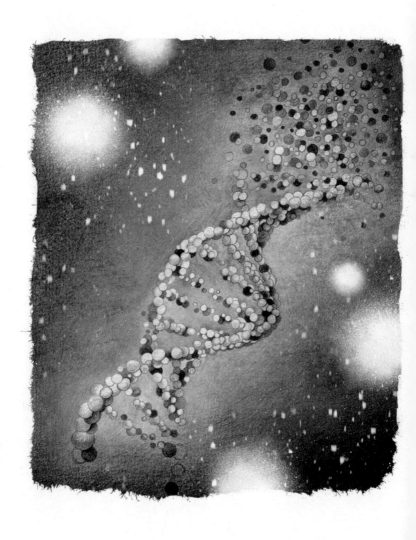

我有两个女儿和四个外孙。他们每个人都是独一无二的。具体来说，我有个女儿叫萨拉，是电视制作人，另一个女儿叫埃米莉，是物理学教授。但她们都有某些共同点，她们和各自的孩子，和我还有我妻子安妮，也有一些共同点。家人间的相似之处可能很明显，也可能微乎其微——身高、眼睛的颜色、嘴角或鼻子的弧度，甚至某些独特的习惯或面部表情。尽管存在各种各样的变化，但不可否认的是：某些特点是世世代代连续传承的。

　　父母与其后代有相似性，这是一切生物有机体的决定性特征。亚里士多德和其他古代哲人早就认识到了这一点，但生物遗传的基础究竟是什么，仍是个未解之谜。千百年来，人们给出了各种解释，其中有些在今天听来匪夷所思。比如亚里士多德的猜想：母亲影响了腹中胎儿的发育，就像特定的土壤质量影响了种子生长为植株。另一些人则认为是因为"血液混合"，也就是说，后代继承的是父母双方的特征混合后的平均值。

基因的发现为我们铺平了道路，让我们得以更现实地理解遗传是如何进行的。基因不仅提供了一种解释，帮助我们理解既有相似性又有独特性的复杂家族遗传方式，也是最关键的信息来源，生命用它来构建、维持和繁殖细胞，乃至最终用细胞组成生物体。

格雷戈尔·孟德尔（Gregor Mendel）是史上第一个对遗传奥秘有所认知的人，他曾在如今的捷克共和国境内的布尔诺的修道院担任院长。不过，他的这一成就并非因为研究了人类家庭中时常令人费解的遗传模式，而是因为他在用豌豆植株做了无数细致的实验后，孵化出了新的观点，并最终引导我们发现了如今被称作基因的物质。

孟德尔不是第一个用科学实验提出遗传问题的人，甚至也不是第一个通过植物寻找答案的人。早期的植物育种家已经描述了植物的某些特性是以何等出人意料的方式代代相传的。两种不同的亲本植物杂交后的新一代植株有时看起来就像两种亲本的混合体。比如，一株紫花植物和一株白花植物杂交，可能产生一株粉花植物。但在某一代中，某些特征似乎总是能凌驾于别的特征之上。比如，一株紫花植物和一株白花植物的后代只会开出紫色的花。早期先驱者们收集了很多耐人寻味的线索，但没有一个人能对植物基因的遗传方式做出令人满意的解释，更不用说解释基因在我们人类——毋宁说一切生物中——是如何运作的了。然而，孟德尔对豌豆的研究揭示的恰恰就是这一点。

1981 年，冷战中期，我独自前往布尔诺的奥古斯丁修道院朝圣，想去看看孟德尔工作过的地方。当时，那里还没有像如今这样成为一个旅游景点。花园大得令人咋舌，草木杂乱疯长。我很容易想象出那个场景：孟德尔曾在那儿种过一排又一排的豌豆。他之前曾在维也纳大学攻读自然科学，但没能考取教师资格。然而，物理学习过程中的一些心得让他深受裨益。他清楚地了解到自己需要大量数据：样本越多，就越可能揭示出重要的模式。他的一些实验，样本多达 10 000 株豌豆。在他之前，没有哪个植物育种家做过要求如此严格、数量如此之多的定量实验。

为了降低实验的复杂程度，孟德尔把重点放在了那些能呈现出明显差异的生物特征上。他用了好多年，仔细记录他设定的杂交的结果，发现了一些被别人忽略了的规律。最重要的是，他观察到那些豌豆植株表现出的或缺乏的性状——比如特定的花色或种子形状——之间是成特殊的算数比的。孟德尔所做的重要工作之一就是用数学方法来描述这些比例。他由此得出结论：豌豆花蕊里的雄性花粉和雌性胚珠含有他称之为"因子"的东西，这些遗传因子与亲本植物的不同性状有直接关联。不同的因子通过授粉结合后，会影响下一代植株的性状。只不过，孟德尔还不知道这些因子是什么，又是如何发挥作用的。

无独有偶，差不多就在孟德尔做豌豆实验的同一时期，另一位著名的生物学家查尔斯·达尔文也在研究金鱼草花的杂交实验，这种巧合耐人寻味。达尔文也注意到了类似的比例，但他没有试图去解释其背后的深意。不管怎样，孟德尔的成果几乎被他同时代的人完全忽视了，整整一代人后，人们才认识到他的发现有多么重要。

1900年前后，有些独立工作的生物学家们重现了孟德尔的实验结果，并对其加以发展，提出有关遗传方式的更明确的预测。孟德尔遗传学说（以这位堪称先驱的修道士的名字命名）由此诞生，遗传学也自此创立，引起了全世界的关注。

孟德尔遗传学说指出，遗传特征是由实际存在的粒子决定的，这些粒子总是成对存在，也就是孟德尔所说的"因子"，我们现在称之为"基因"。孟德尔遗传学说并未过多言及这些粒子是什么，但它用一种非常明确的方式阐述了这些粒子是如何遗传给下一代的。最重要的是，事态渐渐明朗了：这些结论不仅适用于豌豆，也适用于所有有性繁殖的物种——从酵母到人类，以及介于这两者之间的所有生物。你的每一个基因都是成对存在的，分别遗传自你的亲生父母。在受孕的那一刻，通过精子和卵子融合，基因被传递给了你。

19 世纪的最后 30 多年里，也就是孟德尔的发现未被世人关注的那段时间里，科学并没有停滞不前。尤其值得一说的是，研究者们终于更为清晰地观测到了处于分裂过程中的细胞。最终，当这些观察结果与孟德尔遗传学说提出的遗传粒子联系在一起时，担当生命主角的基因就成了万众瞩目的焦点。

早期观测发现的线索之一是细胞内很像细线的微观结构。这种结构在 19 世纪 70 年代由德国细胞生物学家瓦尔特·弗莱明（Walther Flemming）首次发现，他曾是一位军医。在当时最先进的显微镜的帮助下，弗莱明描述了这些极其微小的细线是以何等有趣的方式活动的。细胞准备分裂时，弗莱明看到这些细线纵向地分为两半，然后变短变粗。接着，随着整个细胞一分为二，这些细线也分离开，分别包含在新形成的两个子细胞中。

弗莱明亲眼观测到的——但当时没能完全理解的——就是孟德尔遗传学说提出的遗传粒子，也就是基因的实体表象。弗莱明所说的"细线"就是我们现在说的"染色体"。染色体是所有细胞中包含基因的实体结构。

大约在同一时期，还出现了一条关于基因和染色体的关键线索，来自令人意想不到的观测对象：寄生蛔虫的受精卵。比利时生物学家爱德华·凡·贝内登（Edouard van Beneden）在仔细观察蛔虫发育的最早期阶段时，通过显微镜看到每个已受精的新胚胎的第一个细胞都含有4条染色体：从卵子和精子中分别得到的两条染色体。

这完全符合孟德尔遗传学说的预测——两组成对基因，在受精的那一刻融合在一起。凡·贝内登的结果后来得到了多次证实。卵子和精子中各有一半染色体，当两者融合成受精卵时，全部数量的染色体随之汇合。现在我们已经知道，有性繁殖的蛔虫是这样的，包括人类在内的所有真核生物也都是这样的。

不同生物的染色体数量差异很大：豌豆植株的每个细胞里有14条，我们有46条，而阿特眼灰蝶的细胞里有400多条。凡·贝内登非常走运，因为他观测的蛔虫只有4条染色体。但凡染色体再多几条，他就没那么容易数清楚了。正是通过密切观察蛔虫这种相对简单的对象，凡·贝内登才窥见了一个有关基因遗传的普遍真理。从一个简单的生物系统开始，从一个容易解释清楚的实验开始，我们可以开阔视野，由此提出有关生命运作规律的更具普遍性的见解。正因如此，我才把大部分工作时间都用于研究构造简单、容易研究的酵母细胞，而非更复杂的人类细胞。

综合弗莱明和凡·贝内登的发现，事情就变得越发清晰起来：染色体既能在细胞分裂时完成基因的代际传递，也能在整个生物体的代际间传递基因。你身体里的每一个细胞都包含你全部基因的副本，除了少数特例——比如红细胞，它们在成熟的过程中会失去整个细胞核，因而失去所有基因。在单个受精卵细胞长成一个完整的有机体的过程里，这些基因起到了重要的指导作用。在每个生命体的整个生命周期中，每个细胞构建和维持自身所需的必要信息都来自基因。每次细胞分裂时，整套基因都必须被完整复制，再均衡地分配给两个新形成的细胞。这意味着：细胞分裂是生物学中繁殖的基本示例。

生物学家面临的下一轮巨大挑战是了解基因到底是什么，以及它们是如何工作的。1944 年，纽约的一小群科学家在微生物学家奥斯瓦尔德·埃弗里（Oswald Avery）[1]的领导下进行了一项实验，确定了基因的物质成分。当时，埃弗里和他的同事们正在研究引起肺炎的细菌。他们已经知道，如果把这些细菌的无害菌株与其已失去活性的毒株

---

1. 奥斯瓦尔德·埃弗里（1877—1955），美国医生、最早的分子生物学家之一、免疫化学先驱。

的细胞残余物混合时，它们会转变为危险的毒株。更要命的是，这种变化是会遗传的：只要这些细菌变为毒株，就会把这种特性传递给所有后代。埃弗里由此推断，作为一个化学实体，一个或多个基因被从失去活性的有害细菌中传递到了无害的活细菌中，并且永远改变了后者的性质。他明白了，如果他能发现失去活性的细菌中负责这种基因转变的部分，就能向世界展示基因是由什么物质组成的。

结果表明，事实上，具有关键性的转化特性的是一种叫作脱氧核糖核酸（deoxyribonucleic acid）的物质——你可能对它的缩写，也就是大名鼎鼎的 DNA 更为熟悉。细胞内携带基因的染色体含有 DNA，这个观点到这个时期已被广泛接受，但大多数生物学家认为，DNA 太简单、太枯燥了，这么一个小分子承担不了遗传这样复杂的现象。他们错了。

你的每条染色体的核心都是一个完整的 DNA 分子。这些染色体可以非常长，每一条都能包含数百个，甚或数千个基因，一个接一个排列成链状。比如，人类的 2 号染色体包含一条有 1300 多个基因的长链，如果你把这一DNA 片段拉出来，总长度将达到 8 厘米。如此算来，总体数量就极其惊人了，你的每个微小细胞里的 46 条染色体都有总长超过 2 米的 DNA。经过神奇地打包，它们能全部被纳入一个直径不超过千分之几毫米的细胞里。更惊人的是，假如你能把自己体内数万亿个细胞里盘成螺旋状的DNA一一拉开，排成一条细线，其总长度将达到200亿公里。这个距离，足够从地球到太阳往返65次！

埃弗里是个相当谦虚的人，他没有大张旗鼓地宣传自己的新发现，另一方面，有些生物学家对他的结论持有异议。但他是对的：基因是由DNA构成的。当这个真理最终被世人领悟，就标志着遗传学乃至整个生物学的新纪元的到来。基因终于可以被理解为化学实体：遵守物理和化学定律的稳定的原子集合体。

然而，直到1953年，DNA的结构被阐明后，这个美好的新纪元才被真正开启。生物学中的大多数重要发现都有赖于科学家们数年乃至数十年的努力工作，他们要不断摸索现实的本质，才能慢慢地揭示出某个重要的真理。不过有时也不用太久，犹如神兵天降，惊人的发现会横空出世。DNA的结构就是这样问世的。在短短几个月内，三位科学家——罗莎琳德·富兰克林（Rosalind Franklin）[1]、雷蒙德·戈斯林（Raymond Gosling）[2]和莫里斯·威尔金斯

---

1. 罗莎琳德·富兰克林（1920—1958），英国化学家与X射线晶体学家。她分辨出了DNA的两种构型，并成功地拍摄到了DNA晶体的X射线衍射照片。
2. 雷蒙德·戈斯林（1926—2015），英国科学家，曾跟随莫里斯·威尔金斯和罗莎琳德·富兰克林从事研究工作，是DNA结构的推导者之一。

（Maurice Wilkins）[1]——在伦敦完成了突破性的实验，之后，剑桥大学的弗朗西斯·克里克（Francis Crick）和詹姆斯·沃森（James Watson）解读了实验数据，并正确推导出了 DNA 的结构。而且，他们很快便领悟到了对生命体来说，这种结构意味着什么。

后来，我有幸和晚年的克里克和沃森成了朋友。他们两人特别互补。弗朗西斯·克里克思维敏捷，逻辑清晰。他会把问题无限切分，直到问题在他的凝视下消融，这话毫不夸张。詹姆斯·沃森有天赋异禀的直觉，能在别人还没有头绪的时候就有所断定，尽管他并不总是清楚自己是如何得出结论的。两人都很自信，直言不讳，与年轻的科学家们保持高度互动，虽然有时会批评他们。克里克和沃森联手，就是一个超级强悍的组合。

他们推导出的 DNA 双螺旋结构非常美妙，但真正的美妙之处并不在于螺旋结构本身的优雅，而在于这个结构能完美地解释遗传物质必须做到的、用以确保生命生存和延续的两大关键任务。第一，DNA 必须能够对细胞和整个生物体生长、存续和繁殖所需的信息进行编码。第二，

---

1. 莫里斯·威尔金斯（1916—2004），英国分子生物学家。因解开了 DNA 分子结构以及一些相关研究，他与弗朗西斯·克里克、詹姆斯·沃森共同获得了 1962 年的诺贝尔生理学或医学奖。

DNA 必须能够精确、可靠地自我复制，确保每个新细胞和每个新生命体都能继承一整套遗传指令。

DNA 的螺旋结构可以解释这两大关键任务，你可以把螺旋结构看作一架扭曲的梯子。现在，让我们来看看 DNA 是如何携带信息的。每个梯级都由成对的化学分子链接起来，这些化学分子被称为核苷酸碱基。碱基有四种不同的类型，我们可以将其简写为 A、T、G 和 C，分别指代腺嘌呤（adenine）、胸腺嘧啶（thymine）、鸟嘌呤（guanine）和胞嘧啶（cytosine），这四种碱基沿着 DNA 阶梯的两条轨道或者链排列，起到储备信息代码的作用。这就好比一串有序排列的字母传达出了特定的语义，组成了你正在阅读的这句话。每个基因都是一条含有细胞信息的 DNA 编码。而所谓的信息则可能产生某种色素的指令，以此确定眼睛的颜色，让豌豆花的细胞变成紫色，又或是让肺炎细菌变得更具毒性。细胞"阅读"了基因编码，从 DNA 中获取信息，并将这些信息付诸应用。

接下来，DNA 需要进行精确的复制，以便把基因中的所有信息忠实地传递给下一代细胞或生物体。组成梯级的两个核苷酸碱基的形状和化学性质确保了碱基只能以单一的、精准的方式配对。A 只能与 T 配对，G 只能与 C 配对。也就是说，如果知道 DNA 一条链上的碱基排列顺序，你就能立刻判断出另一条链上的碱基排列顺序。因此，如果你把双螺旋的两条链拆开，每一条都可以作为模板，完美地复制出原来那条成对的链。克里克和沃森发现 DNA 的构建方式后，立刻就意识到：细胞肯定就是这样复制 DNA，并构建出携带基因的染色体的。

基因通过指导细胞制造特定的蛋白质，来对细胞的运作，乃至最终对整个生物体的运作产生重大影响。这个信息堪称生命的基点，因为在细胞中，蛋白质完成了大部分工作——细胞里的大部分酶、细胞结构和操作系统都是由蛋白质构成的。为了做到这一点，细胞要在两种文字间进行翻译：由 A、T、G 和 C 组成的"DNA 文字"，以及由 20 种基本组成部分——氨基酸——有序链接而成的、更复杂的"蛋白质文字"。时值 20 世纪 60 年代初，基因和蛋白质之间的这种基本关系已广为人知，但还没有人知道细胞是如何将 DNA 文字转化为蛋白质文字的。

这种被称作"遗传密码"的关联给生物学家摆了一道真正的加密难题。20 世纪 60 年代末至 70 年代初，许多研究者前仆后继，终于破解了这个密码。其中，我最熟悉的是弗朗西斯·克里克和西德尼·布伦纳（Sydney Brenner）[1]。西德尼

---

1. 西德尼·布伦纳（1927—2019），南非生物学家，分子生物学奠基人之一，2002 年获得诺贝尔生理学或医学奖。

是我见过的最机智、最不走寻常路的科学家。他曾经面试过我（我没有得到那份工作），在面试过程中，他把业界同僚比作挂在他办公室墙上的毕加索名画《格尔尼卡》中的疯魔形象。他的幽默基于这种出人意料的类比，我猜想，这也是他作为科学家所拥有的强大创造力的源泉。

他们和其他破译者的研究表明，由四个字母组成的 DNA 文字沿着 DNA 梯级边的两条链排列，每三个字母组成一个"单词"，这些短单词大部分都对应蛋白质的一个特定氨基酸。比如，DNA"单词"GCT 告诉细胞在新蛋白质中添加一种叫作丙氨酸的氨基酸，另一个"单词"TGT 则要求添加名为半胱氨酸的氨基酸。你可以把基因视为制造某种特定蛋白质所需的 DNA 单词序列。比如，人类基因中的 β- 球蛋白的基本信息包含在由 441 个 DNA"字母"（核苷酸碱基）拼出的 147 个由 3 个字母组成的 DNA"单词"里，细胞读懂后，将其转化为由 147 个氨基酸组成的蛋白质分子。β- 球蛋白有助于形成红细胞中运载氧气的色素，即血红蛋白，使你的身体保持活力，并让血液看起来是红色的。

理解了遗传密码，就能解决生物学核心领域中最重要的难题，解释储存在基因中的静态指令是如何转化为活跃的蛋白质分子，从而构建和运作活细胞的。破解基因密码为当代生物学家们描述、解读和修改基因序列铺平了道路。当时，这一突破性进展显得极其重要，以至于有些生物学家暂停了研究，认为细胞生物学和遗传学的最基本问题已得到解决。甚至，弗朗西斯·克里克也决定将他的研究重点从细胞和基因转移到人类意识的奥秘上。

时至今日，50多年过去了，这个课题显然还没有终结，根本谈不上尘埃落定。不过，生物学家们还是取得了巨大的进展。在不到一个世纪的时间里，人们对基因的认识——从一个抽象元素开始——发生了天翻地覆的变化。到1973年，我完成博士学位后，基因已不再是一个概念，或只是染色体的一部分。基因是一长串DNA核苷酸碱基序列，作用是对蛋白质进行编码，让它在细胞中有精确的功能。

生物学家们很快就掌握了一些技能：如何找出特定基因在染色体上的位置，如何提取它们并在染色体之间移位；甚至将其插入不同物种的染色体中。举例来说，20世纪70年代末，大肠杆菌的染色体被重组拼接，使其含有可以调节血糖的胰岛素蛋白的人类基因编码。这些转基因细菌可以自行产生足量的胰岛素蛋白质，和人类胰腺产生的胰岛素蛋白质完全一样。自那时起，这种转基因技术已帮助了世界各地数百万糖尿病患者控制血糖。

　　20 世纪 70 年代，英国生物化学家弗雷德里克·桑格（Fred Sanger）研发了一种读取基因信息的方法，这是一次重大的技术创新。他独树一帜地结合了化学反应和物理方法，能够鉴定出基因的所有核苷酸碱基的特性和序列（DNA 测序）。不同基因中，DNA 字母的数量跨度极大，有的包含几百个碱基，有的则多达数千个碱基，能够读取它们并预测它们将产生什么样的蛋白质无疑是一次巨大的进步。弗雷德里克是个特别谦逊的人，又格外有成就，最终两度荣获诺贝尔奖！

　　到 20 世纪末，我们已经能对整个基因组——也就是细胞或生物体中存在的全套基因或遗传物质，包括人类基因组——进行测序。到 2003 年为止，人类基因组的所有 30 亿个 DNA 字母已基本完成了首次完整测序。这是生物学和医学向前迈出的重要一步，此后进步的脚步也未曾减慢。虽然第一次基因组测序花费了十年时间和 20 多亿英镑，但今天的 DNA 测序机器可以在一两天内完成同样的工作，只需要几百英镑。

　　人类基因组计划的早期成果中，最重要的一项是列出了大约 22 000 个蛋白质编码基因，这些基因是全体人类共有的，构成了人类遗传的基础。这些基因规定了我们共同的特征，另一方面也决定了我们作为独特的个体所拥有的遗传特征。光靠这些基因的信息还不足以解释人类是什么，但如果没有它们，我们的理解绝不可能是完整的。这就好比你有了一份人物列表——这个清单是必要的起点，但接下来更大的任务是写一出戏，并找到能诠释这些角色的演员。

而在"细胞"和"基因"这两个概念之间，细胞分裂的过程起到了至关重要的桥梁作用。细胞每次分裂，细胞内所有染色体上的所有基因都必须先被复制，然后在两个子细胞内平均分配，因此，基因复制和细胞分裂必须同步进行，密切配合。要不然，细胞会因为缺乏所需的全套基因指令而死亡，或功能失常。这种配合是通过细胞周期——调控每个新细胞诞生的精妙过程——来实现的。

DNA 的复制发生在细胞周期的早期，DNA 合成的时期被称作 S 期，新复制的染色体分离发生在后期，即有丝分裂的过程。这就确保了细胞分裂后产生的两个新细胞各自拥有完整的基因组。细胞周期里的这些事件证明了一个重要的生命特征：这些事件都是基于化学反应发生的，尽管是高度复杂的反应，但就事论事地说，这些反应本身不能被认为是有生命的。只有当创造一个新细胞所需的数百个化学反应一起发生，形成一个执行特定目的的整体系统时，生命才算开始。这就是细胞周期对细胞所做的贡献：

它激活了生物体内 DNA 复制的化学反应，并由此实现细胞繁殖的目的。

我 20 岁出头时就认识到细胞周期对理解生命有多么重要，那时我在诺里奇的东英吉利大学读研究生，正在寻找一个研究课题来继续学术生涯。然而，当时我并没有想到，自己在 20 世纪 70 年代启动的研究项目竟会延及一生中的大部分时间，成为我毕生研究的热情所在。

和细胞生命中的大多数事件一样，细胞周期是由基因及其产生的蛋白质运作的。多年来，我的实验室的长远目标就是找到运作细胞周期的特定基因，继而找出它们的运作原理。为此，我们选用了裂殖酵母（一种在东非用于制造啤酒的酵母），因为它虽然相对简单，但其细胞周期与许多其他生物体——包括像我们这样更大的多细胞生物体——的非常相似。我们开始寻找和细胞周期有关的、含有基因突变的酵母菌株。

"突变"这个词语在遗传学家那里是有特定含义的。突变的基因不一定是畸形的或破损的，而是仅仅意味着基因的不同变体。孟德尔杂交出了不同的植物品种，比如开紫色花或白色花的植株，它们之所以不同，就是因为一个决定花色而言很重要的基因发生了突变。按照这个逻辑，眼睛颜色不同的人也可以被认为是人类的基因突变品种。

所以，在各种变异体中，究竟哪一种才该被视为"正常"，这种说法通常毫无意义。

基因的 DNA 序列被改变、重组或删除时就会发生突变。突变常常是细胞受损的结果——比如紫外线辐射或化学损伤——或是在 DNA 复制和细胞分裂的过程中偶发错误所致。细胞自带复杂精妙的机制，可以发现并修复这些错误，这就意味着：突变往往是非常罕见的现象。据估计，平均下来，每次细胞分裂只会发生三次小突变，这意味着每复制十亿个 DNA 字母才会出现一次突变，出错率非常低。但是，一旦发生突变，就会产生不同形式的基因，继而改变蛋白质，进而改变继承它们的子代细胞的生物性状。

通过改变基因的工作方式，有些突变会成为创新之源，这偶尔非常有用；但在大多数情况下，突变会让基因无法执行其适当的功能。有时，仅仅一个 DNA 字母的改变，就会造成很大影响。比如，一个孩子继承了两个 β-球蛋白基因变体，其上只有一个 DNA 碱基出现了变异，但他的血红蛋白色素就会因此不能充分发挥作用而患上名为镰状细胞病的血液病。

为了搞清楚裂殖酵母细胞是如何控制细胞周期的，我到处寻找无法正常分裂的酵母菌株。我知道，只要找到这些突变体，我们就能锁定运作细胞周期的基因。所以，我和实验室的同事们开始寻找细胞无法分裂但仍能生长的裂变酵母突变体。在显微镜下很容易发现这些细胞，因为它们没有分裂却在不断生长，因此大得异乎寻常。多年来，确切地说是 40 多年来，我们的实验室发现了 500 多个这样的大细胞酵母菌株，这些菌株确实都有突变，导致细胞周期中特定事件所需的基因失去了活力。这意味着至少有500 个基因参与了细胞周期，约占 10%——在裂殖酵母中总共发现了 5000 个基因。

我们就这样向前迈进了一步，因为这些基因显然是酵母细胞完成细胞周期所需的。不过，它们并不一定都是控制细胞周期的。你可以想一想汽车的工作原理，汽车出故障的时候，很多部件都会让车停下来，比如车轮、车轴、底盘或发动机。它们固然都很重要，但都不是驾驶者用来控制行驶速度的部件。我们真正想找到的是加速器、变速箱和刹车。说回细胞周期，我们要找的是控制细胞完成细胞周期的速度的基因。

研究过程中，我在极其偶然的情况下无意间发现了第一个控制细胞周期的基因。我清楚地记得那一刻：1974 年，当时我正用显微镜费力地寻找更多异常增大的突变酵母细胞菌落——这活特别累人，因为在我所观察的每 10 000 个菌落中，大概只有 1 个是真正值得研究下去的。我常常要花整整一上午或一下午才能找到一个这样的突变体，有些日子里则根本找不到。那天，我突然注意到一个菌落，里面的细胞异常小。起初，我以为有细菌污染了皮氏培养皿[1]，这种失败相当常见。再仔细观察后，我意识到它们可能意味着更有趣的东西。它们有没有可能就是酵母菌突变体，因为还没来得及生长就急速完成了细胞周期，所以分裂出的细胞体积较小？

事实证明，这个思路是正确的，突变的细胞里确实有一个基因变了，而这个基因恰好控制了细胞进行有丝分裂和细胞分裂的过程，进而影响了整个细胞周期的完成速度。这正是我希望找到的基因。这些细胞就像一辆加速器出了故障的汽车，汽车——在实验里就是细胞周期——的速度因此被加快了。我称这些小个头的菌株为"wee"突变体，因为它们是在爱丁堡被首次分离出来的，wee 在苏格兰语中就是小的意思。我必须承认，半个世纪前抖的小机灵现在看来实在太小儿科了！

后经研究表明，第一个 wee 突变体里的变异基因与另一个更重要的基因共同起了作用，而后者恰恰是控制细胞

---

1. 作细菌等培养用的有盖玻璃碟。

周期的核心。随着研究继续进行，又有一些出人意料的偶发事件让我找到了第二个很难找到的控制基因。我一连几个月都在分离小个头细胞 wee 突变体的各个菌落，费尽千辛万苦收集到了近 50 种。这比找异常大号的细胞突变体更难，每找一个就要花费将近一周的时间。难上加难的是，我煞费苦心找出来的大多数菌株都含有同一基因的突变体，差异很有限，深入研究的意义不大，我当时将其称为"wee1"。

后来，在一个阴雨连绵的星期五下午，我又发现了一个 wee 突变体。这一次，我的培养皿肯定是被污染了：培养皿和那些引起我注意的异常小的酵母细胞都被一种侵入培养皿的真菌的长卷须覆盖住了。我很疲惫，心里很清楚：清除这种程度的真菌污染太费劲了，不仅费工夫，还特别枯燥乏味。无论如何，我估摸这种新菌株很有可能还是含有同一基因的另一种变异形式，也就是说还是 wee1。我把整个培养皿扔进垃圾箱，回家喝茶去了。

那天晚上，我对自己的做法深感愧疚。万一这个突变体和其他 50 个 wee 突变体不一样呢？那天，爱丁堡的夜晚又黑又潮湿，但我还是骑上自行车，回到了山上的实验室。接下来的几周里，我设法将新的 wee 突变体从侵入的真菌中分离了出来。之后，令我喜出望外的是，事实证明，这不是 wee1 基因的另一种变体，而是一个全新的基因，并且它最终成为一把钥匙，解开了基因如何控制细胞周期的奥秘。

我称这个新发现的基因为细胞分裂周期 2（cell division cycle 2），简称 *cdc2*。回想起来，我时常后悔：要是当时能给这个细胞周期谜团的核心部件取一个更优雅，至少是更容易让人记住的名字，那该多好啊！毕竟，你将在本书的后半段看到更多关于 *cdc2* 的内容。

事后看来，这一切——无论是做还是想——都真的很简单。运气也非常重要：先是意外发现了第一个 wee 突变体，我甚至没有特意寻找它；再是命运的转折，让我从垃圾箱里捡回了"失败"的实验品，最终找到了控制细胞周期的核心。在科学研究领域，简单的实验和思维可以带来惊人的启迪，尤其是在辛勤工作、保持希望的基础上，当然还有偶然的幸运加持。

我在爱丁堡默多克·米奇森教授的实验室工作时所做的大部分都是这样的简单实验，当时我还是个年轻的初级研究员，刚结婚没多久。默多克为我提供了实验所需的空间和设备，也对我的实验提出了无数建议和意见。尽管他付出了这么多，却不让我在任何一篇论文上把他列为合作作者，因为他觉得自己贡献得还不够多。当然，事实并非如此。我在从事科学工作过程中所体会到的最重要的一点，正是这种慷慨，而这种气度本该得到世人更多的关注。默多克是个很有趣的人。除了我刚才说的慷慨，他还有些害羞，并且全身心地沉浸在自己的研究中。他不在乎别人是否对他做的事情感兴趣，他只踩着自己的鼓点前进。如果默多克还在世，可能不会同意我在这里特别提到他，但我想特别感谢他，因为是他让我明白了：为什么最好的研究既有强烈的个人色彩，又是完全共享的。

生命的存在离不开基因：每一代新细胞、新生物体都必须继承生长、活动和繁殖所需的基因指令。这意味着，生命要想长期存在，基因必须能够非常精确、小心地复制自己。只有这样，DNA 序列才能在多次细胞分裂中保持不变，基因才能经受住"时间的考验"。细胞以令人惊诧的精准性实现了这一点。我们身边处处可见细胞的成果。有 22 000 个基因控制着你的细胞，其中绝大多数基因的 DNA 序列与当今地球上所有其他人的几乎完全相同。在很大程度上，你的基因 DNA 序列和远在几万年前的史前深处，靠打猎和采集果实为生，围着篝火讲故事的人类祖先的 DNA 序列也难以区分。满打满算，使你的先天特征与我的先天特征，以及我们俩与史前祖先的先天特征不同的突变，加起来只占你的 DNA 密码总量的一小部分——

还不到 1%。这是 21 世纪遗传学的重大发现之一：在不同性别、种族、宗教和社会阶层中，我们的基因组——每个人都有多达 30 亿个 DNA 字母——都非常相似。全世界都该重视这个关乎平等的重要证据。

但是，我们也不能无视基因中携带的那些零散的变异。虽然总量很少，但它们可以对我们个体的生物学历史和生命史产生很大的影响。比如，有些变异是我和女儿，还有孙辈共有的，这解释了我们作为一个家族在某些方面的相似性。还有些基因变异是我们每个人独有的，在一定程度上使我们成为独特的个体，或多或少、或强或弱地影响了我们的身体样貌、健康和思维方式。

遗传学塑造了我们的自我认知和世界观，对所有人的生活都非常重要。人过中年，我发现了一些关于自己的基因的非常惊人的事实。我生长在一个工人阶级家庭，父亲在工厂工作，母亲是清洁工。我的哥哥姐姐都在 15 岁时辍学，只有我继续读书，后来还考上了大学。我的童年过得很快乐，该有的都有，哪怕有点老土。我的父母比我朋友们的父母年长，我常开玩笑说，这感觉就像我是被祖父母带大的。

多年后，我得到了新工作，在纽约洛克菲勒大学担任校长，并去申请了绿卡，以便在美国长住。令我吃惊的是，我的申请被拒绝了。美国国土安全部说，这是因为我一直使用的出生证上没有列出父母的名字。我一怒之下寄出申请信，要求完整的新版出生证明。但当我打开那封装着新证明的信后，我震惊了。新证明表示，我的父母并不是我的父母——他们其实是我的外公外婆。我的亲生母亲其实是我的姐姐。原来，她 17 岁时怀了孕，但当时的社会认为未婚生子是很可耻的行为，所以她被送到了诺威奇的姑姑家，而我就是在那儿出生的。她带我回到伦敦后，外婆为了保护自己的女儿，就假扮成我的母亲，把我抚养成人。发现这件事后，我觉得最大的讽刺莫过于，虽然我是个遗传学家，但我竟然不知道自己的遗传信息！所有可能知情的人都过世了，所以事实上，我至今仍不知道自己的亲生父亲是谁：在我的出生证上，本该是他名字的地方只有一条横线。

所有个体出生时都自带新鲜的遗传变异，数量相对来说很少，多半是随机发生，并非从亲生父亲或母亲那儿继承来的。这种遗传差异不仅决定了生物个体的独特性，也解释了为何物种不会长期稳定不变。生命始终在试验、创新和适应，生命改变世界的同时，世界也在随之改变。为此，基因必须在变与不变之间保持平衡：既要保持恒定以保存信息，又要兼具改变的能力——有时甚至是实质性的改变。下一个概念将向我们展示基因是如何做到这一点，并让生命展现出令人目眩神迷的多样性的。

　　这个概念就是自然选择的进化。

三 自然选择的进化
Evolution by Natural Selection

偶然与必然
Chance and Necessity

世界上的生命形态极其多样。本书开头提到的黄色蝴蝶是一只钩粉蝶，一种早早报春的蝴蝶。它有一对精巧的黄色翅膀，宛如昆虫界的最佳代言人，而这个被称为"昆虫"的生物群体有着惊人的多样性。

　　我喜欢昆虫，尤其是甲虫，我少年时期特别迷恋它们。甲虫的种类多到吓人——有些科学家认为全世界的甲虫种类超过一百万种。我在英国长大，无论是在石头下往来穿梭、身披甲胄的步甲，还是夜里会发光的甲虫、在花园里吃蚜虫的红黑色瓢虫、在池塘里游来游去的强壮的水生甲虫和面粉袋里的象甲，都让我惊奇不已。甲虫为我们献上了一曲多样性的喧哗之音，堪称一切生命多样性的缩影。

　　生命形态之多，有时甚至会让人感到难以招架：我们与数不清的动物、植物以及更多数不胜数的微生物共享一个世界，每一种生物似乎都能很好地适应其特定的生活方式和环境。难怪千百年来的大多数人都相信，这么多不同的生物必定出自神圣的造物主之手。

大多数的文明都不乏创世神话。如果仅从字面来看，犹太教和基督教都信奉的《创世记》声称，生命是在短短几天内被创造出来的。世人普遍相信，每一个物种都是由某位造物主塑造的，难怪20世纪的遗传学家J.B.S.霍尔丹（J. B. S. Haldane）[1]会用甲虫的多样性开上帝的玩笑：无论造物主是谁，"他实在太偏爱甲虫了"。

18到19世纪期间，思想家们开始将生物的复杂机制与工业革命期间复杂机器的设计、建造原理进行类比。这种比较常常会强化宗教信仰：要是没有一个超级有智慧的设计者殚精竭虑，又怎会出现如此错综复杂的生物？

1802年，威廉·佩利牧师用一个生动的例子阐释了这种思路。他让你想象一下：你在外面散步时，在路边发现了一块怀表。只要你打开表盘，看到里面显然是为了追踪时间而设计出的复杂机制，他说，这必定会让你相信这块手表出自一个充满智慧的创造者之手。佩利认为，同样的逻辑肯定也适用于精妙的生命机制。

现在，我们已然明白，自带目的性的复杂生命形式完全可

---

1. J.B.S. 霍尔丹（1892—1964），印度遗传学家、生物统计学家、生理学家、科学普及者，他为群体遗传学和进化论的研究开辟了新的道路。

以在没有任何设计者的情况下产生，这应该归功于自然选择。

自然选择是极具创造性的过程，它造就了我们，以及我们身边种类浩繁的生命形式：从数百万种微生物到长着可怕下颚的锹甲、长着 30 米长触手的狮鬃水母、用充满液体的陷阱诱捕虫子的猪笼草、长着对生拇指的大猩猩和我们。从未背离科学规律，也不用借助超自然现象，自然选择的进化就能产生越来越复杂多样的生物。在数十亿年里，不同的物种崭露头角，探索了各种新鲜的可能性，并与不同的环境和其他生物充分互动，因而，其形态上的千奇百怪超乎想象。所有物种——包括我们人类——都处于不断变化的状态之中，最终走向灭绝，或演化成新物种。

对我来说，生命的故事和任何创世神话一样充满奇迹。不过，大多数宗教故事向我们展示的创造性行为通常是我们熟悉的，甚至有点单调，所涉及的时间跨度也在我们的理解范围内，而自然选择的进化却敦促我们去想象更宏大的事情，几乎要超出我们想象力的极限。那是一个完全不存在既定方向的渐进过程，但当它被嵌入一个漫长到不可思议的时间跨度中——也就是科学家们说的"深时[1]（deep

---

1. 地质时间概念。现代哲学意义上的"深时"概念由 18 世纪苏格兰地质学家、人称"现代地质学之父"的詹姆斯·赫顿提出。从那以后，现代科学经过漫长而复杂的发展，确定地球的年龄约为 45.4 亿年。

time）"中——它就成了最极致的创造性力量。

位居进化论顶端的大人物是查尔斯·达尔文，19 世纪的自然学家，曾乘坐小型皇家海军舰艇"贝格尔号"环球考察，收集植物、动物和化石标本。达尔文如饥似渴地收集了支持进化论的观察结果，最终提出了一个美妙的构想——自然选择——来解释万物是如何进化的。他把所有思考都写进了 1859 年出版的《物种起源》一书中。在生物学的所有伟大思想中，进化论应该是最著名的，哪怕未必总能得到最充分的理解。

达尔文不是第一个提出生命随着时间进化的人。正如他在《物种起源》中指出的，亚里士多德曾认为，动物的某些身体部位可能在很长一段时间内出现或消失。18 世纪末，法国科学家让－巴蒂斯特·拉马克（Jean-Baptiste Lamarck）[1] 则更进一步，认为不同的物种在亲缘关系上会有所关联。他提出，物种在适应的过程中逐渐变化，其形态会随环境、习性的变化而变化。拉马克有一个著名的观点，他认为长颈鹿之所以有长颈，是因为每一代长颈鹿都会抬高头去吃树上更高枝的叶子，并且不知何

---

1. 让－巴蒂斯特·拉马克（1744—1829），法国博物学家，进化论的先驱，无脊椎动物学的创始人。1809 年发表了《动物哲学》，提出动物进化理论，即通常所称的拉马克学说。达尔文在《物种起源》一书中曾多次引用拉马克的著作。

故，它们还会把这种费劲的习惯传给后代，后代的脖子就会更长一点。现在，拉马克的想法有时会被低估，因为他没有把进化过程的细节搞清楚，但他是第一个综合阐述进化现象的科学家，哪怕未提及进化的缘由，他也是功不可没的。

当然，思索进化论的不止拉马克一人。甚至在达尔文的家族里，他的祖父伊拉斯谟斯·达尔文（Erasmus Darwin）就是早期另一个热情的进化论支持者。他在马车上刻了自己的拉丁文座右铭：*E conchis omnia*，意为"一切源自贝壳"，用以广泛传播他的理念：一切生命都是由较为简单的祖先——例如，贝壳内那团看似形状不明的软体动物——进化发展而来的。然而，利奇菲尔德大教堂的座堂牧师指责他"背弃造物主"后，他不得不清除掉马车上的铭文。伊拉斯谟斯别无选择，因为他是个功成名就的医生，他明白，如果他不这样做，就可能失去那些权高位重、受人尊敬且更富有的病人。当时，他也是公认的杰出诗人，在诗作《自然殿堂》（*The Temple of Nature*）中，他阐述了自己对进化的看法：

最初形态微小，隐于球面玻璃之下，

行于泥沼，又或跃于水面；

如此累世繁衍。

在数不胜数的植被盛放之时，
在鳍、足和翼吐息之间
新生的力量降临，壮大的肢身显形。

他可能没有作为诗人流芳百世，这或许可以理解，但作为科学家，他确已名垂青史。不管怎样，从他的诗句中，我们已能预见他那位更著名的孙子深入阐释的观念。

查尔斯·达尔文阐释进化论时更具科学性和系统性，表达方式也更传统，只限于散文而非诗歌。他从国内外搜集了大量化石和动植物标本，积攒了海量的数据和观察研究记录。他处理的这些数据，为拉马克、他的祖父和其他一些人都认同的观点——生物体确实会进化——提供了强有力的证据。不过，在提出自然选择这一进化机制时，他所做的还不止于此。他把所有的点都连成了线，向全世界展示了生物是如何进化的。

自然选择的论点基于这样一个事实：生物种群表现出变异情况，假如这些变异是由基因变异引起的，就会代代相传。其中一些变异会影响某些特征，使那些生物个体能够更成功地繁衍后代。繁衍更有效，意味着拥有这些变异的后代在下一代种群中占有更高的比例。以长颈鹿的长颈为例，我们可以做出如下推断：随着变体随机出现、数目增多，长颈鹿颈部的骨骼和肌肉也微妙地发生了改变，长颈鹿的部分祖先因而能够触及更高的树枝，吃到更多的树叶，获得更多的营养。最终，那些能够做到这一点的长颈鹿被证明更有适应力，也更有能力繁育后代，所以，在非洲大草原上游荡的长颈鹿群里，脖子更长的长颈鹿渐渐占据了优势地位。这个过程就叫自然选择，由于各种自然因素带来的限制，比如食物或配偶上的竞争，或疾病和寄生虫的出现，这种约束和筛选可以确保表现更优的个体能因此比其他个体繁殖出更多的后代。

无独有偶，博物学家和收藏家阿尔弗雷德·华莱士（Alfred Wallace）[1] 在经过独立的思考和研究后，提出了同样的机制。鲜为人知的是，华莱士和达尔文都受到前人的启发，尤其是苏格兰农学家、农场主帕特里克·马修（Patrick Matthew）[2] 在 1831 年出版的有关军舰木材的书中

---

1. 阿尔弗雷德·华莱士（1823—1913），英国博物学者、探险家、地理学家、人类学家和生物学家，进化论思想的发现者和拥护者之一。他独立构想出的自然选择导致物种进化的理论，最终促成达尔文将他的科学巨著《物种起源》出版。
2. 帕特里克·马修（1790—1874），苏格兰农场主、农贸商人、护林员，1831年在《海军木材和林木栽培》中阐述了自然选择的基本概念，但未能进一步阐发。

提到的关于自然选择的猜测。但不管怎么说，第一个以令人信服并惊叹的方式综合性地提出完整进化论思想的人是达尔文，并且这一思想经受住了历史的考验。

实际上，人类几千年来一直在用同样的选择方式来培育具有特定特征的生物，这就是所谓的人工选择。达尔文真的观察过鸽友是如何选定鸽子育种并繁育出更多变种的，并在此基础上发展了他关于自然选择的观点。人工选择可以产生戏剧性的结果。我们就是这样把野外的灰狼变成了人类最好的朋友，繁育出了从迷你的吉娃娃到高大的大丹犬等众多犬种。野生芥菜也是这样演变出西兰花、卷心菜、菜花、球茎甘蓝和羽衣甘蓝的。相对而言，人工选择带来的变化只在区区几代生物种群中发生，但足以让我们窥见进化过程——数百万年来自然而然发生的自然选择——的伟大力量。

自然选择导致适者生存，并淘汰没有竞争力的个体。顺便说一句，"适者生存"并不是达尔文本人用的术语。自然选择的结果必定是这样的：特定的基因变化在种群中完成量的积累，最终导致生物物种在形式和功能上发生持久的变化。这可以解释为什么一些甲虫演化出了有红色斑点的翅膀，而另一些甲虫习得了游泳、滚粪球或在黑暗中发光的本领。

　　自然选择的观念意义深远，其重要性已超越生物学的范畴。自然选择的观念在别的领域中——尤其是在经济学和计算机科学中——既有强大的解释力，又有实际指导作用。举例来说，如今，一些机械工程部件和软件——比如飞机上的——都是通过模仿自然选择的算法进行优化的。这些产品都得到了进化，而不只是传统意义上的被设计出来。

　　要让自然选择的进化发生，生物体必须具备三个关键特征。

　　第一，它们必须能够繁殖。

　　第二，它们必须具有遗传系统，可以让界定生物体特征的信息进行复制，并在繁衍过程中遗传给后代。

　　第三，遗传系统必须有变异表现，而且，这种变异必须通过繁殖过程传给子代。自然选择是基于这种变异性发生的。它把一种缓慢而随机发生的变异根源转化为某种看起来可以无限地不断变化、且在我们身边欣欣向荣的生命形态。

　　此外，为了使自然选择更有效，生物体必须死亡。只有亲代死亡，因有潜在的基因变异而更具竞争优势的子代才能取代它们。

　　这三个必要特征可以从细胞和基因的概念中直接推导

出来。所有细胞都在细胞周期内完成繁殖，且所有细胞都有一个由基因组成的遗传系统，在有丝分裂和细胞分裂的过程中，基因在染色体上被复制和遗传。变异是由改变DNA序列的偶然突变引发的——就像让我发现 *cdc2* 基因的那个变异基因，其原因可能是双螺旋在复制过程中出现了罕见的错误，也可能是环境破坏了DNA。细胞会修复这些突变，但未必能完全修复。如果每一次都能完美修复，一个物种的所有个体就会一模一样，进化就会停止。这意味着错误率本身就受制于自然选择。如果错误率太高，基因组存储的信息就会失效，变得毫无意义；如果错误率太低，进化的可能就会减少。长远来看，那些在变与不变之间保持适当平衡的物种才是最成功的赢家。

复杂的真核生物的进一步变异发生在有性生殖过程中，一部分染色体在产生性细胞（也叫生殖细胞，如动物的精细胞和卵细胞、开花植物的花粉和胚珠）的细胞分裂过程中被打乱重组，这个过程叫作减数分裂。这是导致兄弟姐妹的基因不同的主要原因：假设父母的基因像一副纸牌，那么每个子女拿到的基因牌都不同。

还有很多生物体的变异源于不同个体之间直接交换DNA序列。这在不太复杂的生物体中很常见，比如细菌可以互换基因，但比细菌更复杂一点的生物体也会这样变异。这个过程被称为基因水平转移。某些细菌能对抗生素产生抗药性的原因就在于此：抗药基因能在整个细菌种群中迅速传播，甚至可以在不相关的物种间传递。基因水平转移意味着基因的遗传可以从生命树的一个分支平行流向另一个分支，这就增加了我们根据进化时间去追溯某些谱系的难度。

不管遗传变异的根源在哪里，要想推动渐进式演变，就必须在随后的繁殖过程中保持变异性，并且繁衍生物种群，让种群中的个体在每一个可能的维度上都有细微差异，包括抗病性、对配偶的吸引力、食物耐受性或其他任何方面。自然选择可以从中筛选出有益的变种。

自然选择下的进化，其深意在于：一切生命都是通过子代相连的。这意味着，假如你倒放生命之树的生长过程，就会看到分权的小树枝汇成更大的分枝，最终退回到一根树干。结论便是：我们人类与地球上的每一个生命形式都有联结。我们与类人猿之类的生物关系较近，因为我们分属靠近生命树边缘的两根相邻的细枝，但和另一些物种——比如我的酵母菌——的关系就远得多了，因为我们只是在更远古的时间点有交集，那个时间点更接近生命树的主干部分。

在潮湿、草木葱茏的乌干达热带雨林中徒步寻找山地大猩猩时，我深切感受到了我们与其他生命的根本联系。我们走在向导后面，突然偶遇了一个家族。我发现自己就坐在一只伟岸的银背猩猩对面，它蹲在树下，离我只有两三米远。我出了一身汗，当然不仅仅是因为炎热和潮湿。身为遗传学家，我知道我和它有 96% 左右的基因是一样的，但这个干巴巴的数字无法体现全部的内涵。当它那双聪慧的深褐色眼睛锁定我的目光时，我分明看到自己人性中的许多特质被投射回来。那些大猩猩彼此相似，互相适应，也与我们人类很相像。你再怎么粗心也不会忽视一点：它们的许多行为都很眼熟，它们的同情心和好奇心也是显而易见的。银背猩猩和我互相凝视了几分钟，感觉就像进行了一场对话。然后，它伸出一只手，把直径约为 5 厘米的小树苗对折（它是想告诉我什么吗？），再慢慢地爬上树，这期间，它一直用那双具有穿透力的眼睛盯着我看。这次充满戏剧性的邂逅令人心动，让我强烈感受到我们与这些了不起的生物有着多么密切的关联。这种关联不仅限于大猩猩或其他类人猿，还延及哺乳动物和其他动物，甚至能够循着生命之树中更古老的分权，最终关联到植物和微生物。在我看来，这就是最好的证据之一，证明了人类应该关心整个生物圈：与我们共享这个星球的所有不同的生命形态都是我们的亲人。

　　我还用另一种更出人意料的方式领悟了我们与其他生物的深刻关联，那时，我决意追查裂殖酵母和人类细胞是否以同样的方式控制各自的细胞周期。我是在20世纪80年代提出这个问题的，当时我在伦敦的一家癌症研究机构工作。癌症是由人类细胞的异常分裂引起的，我的大多数同行——他们在别的实验室工作——更想知道是什么控制了人类的细胞周期，而不是酵母菌的细胞周期，这种想法当然可以理解。那时，我已经知道是什么控制了酵母细胞的分裂：一套以 cdc2 为中心的细胞周期控制机制，我承认，这个至关重要的基因的名字不太响亮。

　　我想知道有没有这种可能：人类的细胞分裂也是由人类版本的同一个基因——cdc2——控制的？这似乎不太可能，因为酵母菌和人类有着云泥之别，最后一个共同祖先远在12亿到15亿年前。为了让你对这个巨大的时间跨度有更直观的感受，不妨这么说吧，恐龙在"仅仅"6500万年前就灭绝了，而第一批形态简单的动物出现在大约5亿到6亿年前。摸着我的良心说，相信这样的远亲控制细胞繁殖的方式和我们一样，实在不只是"有点荒唐"。但不管怎样，我们还是要查个水落石出。

　　在我实验室里工作的梅拉妮·李解决这个问题的方法是试着找出一个与裂殖酵母中的 cdc2 功能相同的人类基

因。为此，她先找出因 *cdc2* 上存在缺陷而不能分裂的裂殖酵母细胞，然后在上面"洒"上由成千上万的人类 DNA 片段组成的"基因库"。每一个 DNA 片段都包含一个人类基因。梅拉妮使用的实验环境条件能确保变异的酵母细胞通常只会获取 1～2 个人类基因。如果其中的某个基因恰好是人类版的 *cdc2* 基因，如果它在人类和酵母细胞中的作用相同，如果人类版的 *cdc2* 基因能够进入酵母细胞，那么，*cdc2* 基因突变细胞就可能重获分裂的能力。如果一切顺利，它们就会形成梅拉妮能在培养皿里看到的菌落。你可能已经注意到了，这个计划中有好几个"如果"。我们认为这个实验会成功吗？也许不会，但值得一试。

神奇的是，实验成功了！菌落在培养皿里生长出来，我们能分离出一段能够成功代替对酵母细胞分裂至关重要的 *cdc2* 基因的人类 DNA。我们对这个未知的基因进行了测序，发现它产生的蛋白质序列与酵母菌的 Cdc2 蛋白非常相似。显然，我们看到的是同一基因的两个高度关联的版本。它们是如此相似，以至于人类基因可以控制酵母的细胞周期。

这个意外的结果让我们得出了一个意义深远的结论。在漫长的进化历史中，裂殖酵母和人类是毋庸置疑的远亲，如此推想，地球上每一种动物、真菌和植物的细胞很可能都在以同样的方式控制各自的细胞周期。几乎可以肯定的是，它们都依赖一个与酵母的 *cdc2* 基因非常相似的基因控制细胞周期。而且，更重要的是，哪怕不同的生物在亿万年的进化过程中逐渐演化出无数不同的形态和生活方式，最基本的细胞分裂过程的核心控制方式却几乎没什么变化。*cdc2* 是一种已然存续了十多亿年的创新手段。

这些结论使我更加坚信，研究包括酵母在内的更广泛的生物体，有益于我们了解人体细胞如何控制分裂，这对我们了解人体在人的一生中生长、发育、生病和退化时是如何变化的至关重要。

自然选择不仅发生在进化过程中，也发生在我们身体内部的细胞层面。当控制细胞生长和分裂的重要基因被破坏或重组，导致细胞不受控制地分裂时，我们就会患上癌症。恰如一个生物种群中的进化，这些癌变前或癌变中的细胞如果能躲过身体的防御，就会慢慢排挤没有变异的组织细胞。随着受损细胞数量的增加，这些细胞发生进一步基因变化的可能性也会更大，导致基因损伤的累积，继而产生更具攻击性的癌细胞。

这个系统具有通过自然选择进行进化所必需的三个要点：繁殖力、遗传系统，以及遗传系统能表现出变异性。矛盾的是，最初使人类生命得以进化的条件，恰恰就是最致命的人类疾病之一的根源。从更实际的层面说，这也意味着研究种群和进化的生物学家能为我们理解癌症做出重大贡献。

自然选择的进化可以带来高度的复杂性和鲜明的生命目的性。无须任何有操控力的智能、明确的终极目标或驱动力，自然选择就能做到这一点。就这样，自然选择彻底规避了佩利和他想象中的怀表，以及前人后世关于神圣造物主的论点。至于我嘛，这让我始终处在惊喜交集的状态中。

学习进化论还对我的人生产生了相当戏剧性的影响。我的祖母是浸信会教徒，所以，我小时候每个星期日都会跟大人们去当地的浸信会教堂。我很熟悉《圣经》（现在依然如此），甚至一度想过去当牧师，甚至是传教士！然后，我在花园里看到了那只钩粉蝶，差不多就在那时，我在学校里学到了自然选择进化论。科学对生命的丰富多样性的解释显然与《圣经》里的说法大相径庭。为了厘清这种矛盾，我去找浸信会牧师谈了谈。我对他讲了自己的想法：神在《创世记》中讲创世造物时，想必是要讲给两三千年前未受过教育的牧民听的，所以他用了一种他们听得懂的说法来解释发生了的事情。我说，我们也许应该把《创世记》当作一部神话，但实际上，上帝发明的创造机制比《圣经》里更奇妙，因为他首先发明了自然选择的进化。不幸的是，牧师根本不这么看。他对我说，我必须相信《创世记》字字属实，还说他会为我祈祷。

于是，我渐渐地从信仰宗教走向了无神论，或者更准确地说，走向了具有怀疑精神的不可知论。我发现不同的宗教可以有非常不同的信仰，而那些不同的信条很可能互相矛盾。科学为我指明了道路，让我更理性地认识这个世界。科学也给了我更确凿甚而更稳定、更好的方法，让我追求真理——这一科学的终极目标。

自然选择的进化阐释了不同的生命形态是如何产生的，又是如何实现生命目的的。这种进化发自偶然，而指引它的则是产生更有效的生命形态的必要性。然而，光凭进化论还不能深入了解生物体究竟是如何运作的。为此，我们必须递进到下面两个概念。首先来说说生命的化学。

四 生命的化学
Life as Chemistry

混乱中的秩序

Order from Chaos

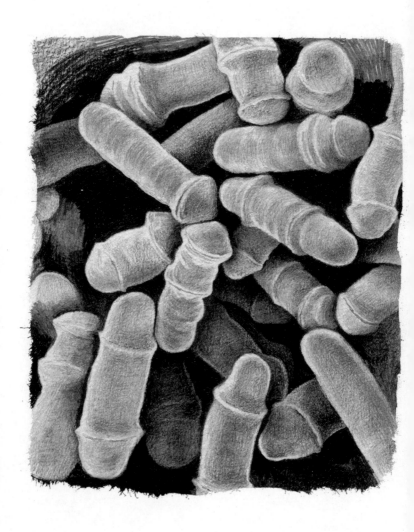

大多数人看待周围的世界时，会将其粗略地分成两大类：一类是有生命的，另一类是显然没有生命的。有生命的生物体之所以能突显出来，是因为它们会行动：所有动作都有目的性，能对环境做出反应，能自我繁殖。这些特征，没有生命的东西都没有，比如一块鹅卵石、一座山或一片沙滩。事实上，如果我们退回到几百年前，也就是本书阐释的诸多思想出现和发展之前，我们很可能会相信地球上的生命是由一种专属于生命体的神秘力量指引的。

这种想法被称为"活力论"，最早可追溯到古代思想家亚里士多德和盖伦（Galen）[1]，甚至可能更久远。即便是最具理性、最讲求科学的人，也很难彻底抛弃这种思维方式。

---

1. 盖伦（129—约200），古罗马医师、自然科学家。他基本继承了从希波克拉底以来希腊医学的唯物主义传统，但对肌体内进行的各种无法解释的过程，他将其归结为非物质力量的作用，如宗教神秘论、信仰梦兆等。

假如你见过一个人如何死去，就会明白那看起来真的很像不可名状的生命火花突然熄灭了。

我们的思想难以把握生命的真谛，所以，活力论这种解释很有吸引力，似乎能抚慰人心。但现在我们可以肯定地说：不需要动用任何形式的魔法。大部分有关生命的问题都能用物理和化学方法得到充分诠释，尽管所涉及的是一种不太寻常、高度有序、井井有条的化学形式，其复杂程度是任何无生命的存在所无法企及的。比起相信生命是由超越科学的神秘力量指引的，我反而认为这种诠释更令人惊叹。

生命就是化学反应，这种让人惊讶的想法最早起源于对发酵的研究：在啤酒和葡萄酒的生产过程中，简单的微生物酵母菌制造出了酒精。这对人类来说是一种存在已久的福祉。

事实上，这也大大造福了我本人的生活，不仅因为我喜欢喝啤酒，还因为我很享受在傍晚时分，独自坐在空荡荡的酒吧里凝视这个世界。17 岁高中毕业时，我知道自己想学生物，却没能考上大学。当时，所有本科学位资格考试里都有一项强制性的必考科目：O-level 外语基础考试，但我的法语考试竟然一连六次不及格，很可能是 O-level史上的不及格次数的最高纪录！所以我没考上大学，转而去了一家啤酒厂的微生物实验室当技术员。

我每天的工作之一就是把科学家们培养微生物所需的所有含营养成分的材料混合在一起。我很快就发现，他们几乎每天都会下同样的订单，所以，我可以在周一做一大批，足够供应一整个星期。我去见了老板维克·克尼维特（特别提一下，他在工作之余是个格鲁吉亚舞的舞者。有一天晚上，我突然看到他在实验室里的一张长椅上大跳活力四射的哥萨克式踢腿舞，这才发现了这件事！），他慷慨地建议我去试试沙门氏菌感染鸡蛋的研究项目。当时，18 岁的我极度兴奋，每天都在做实验，假装自己是一个真正的科学家。

在酿酒厂的那一年里，有位好心的伯明翰大学教授打电话给我，让我去面试，并最终说服了校方忽略我在外语方面的不足，于是，我从 1967 年开始攻读生物学学位。讽刺的是，虽然我早年在外语上跌了不少跟头，可谁能想到，35 年后，我因对酵母的研究被法国总统授予了法国荣誉军团勋章。我甚至不得不用法语发表获奖感言！不过，我研究了大半辈子酵母，却从未亲手酿过一滴葡萄酒或啤酒。

最早开始对发酵进行科学研究的人是 18 世纪的法国贵族兼科学家安托万·拉瓦锡（Antonie Lavoisier），他是近代化学的创始人之一。不幸的是——对他来说很不幸，对整个科学界来说也很不幸——他兼职收税员的身份让他在1794年5月的法国大革命中掉了脑袋。袋鼠法庭[1]的法官判处他时说："共和国不需要学者和化学家。"显然，我们科学家可得小心对待政治家！政客们，尤其是那些有平民主义倾向的政客，有一种令人遗憾的倾向，那就是忽视"专家"，尤其是用专业知识驳倒他们那些空口无凭的观点的专家。

时运不济的拉瓦锡上断头台前曾对发酵过程非常着迷。他曾下结论说："发酵是一种化学反应，在这种反应中，葡萄汁里的糖分被转化为成品葡萄酒里的乙醇。"以前没有人这样想过。拉瓦锡还进一步提出，有一种似乎源自葡萄本身的叫"发酵"的东西在化学反应中起到了关键作用。然而，他无法说清"发酵"到底是什么。

半个世纪后，发酵的谜团才被解开。工业酒精制造商为了解开一个谜团，跑去向法国生物学家、化学家路易斯·巴斯德（Louis Pasteur）[2]求助：为什么有些产品会制作失

---

1. 袋鼠法庭（kangaroo court）始见于19世纪50年代的美国西部，当时常规法庭的触角还没有延伸到尚未开发的西部边境地区，人们只得临时设立"袋鼠法庭"来解决一些突发或紧急的争端事件。现在我们常用该词表示"所做裁决不够公正透明的法庭"。
2. 路易斯·巴斯德（1822—1895），法国微生物学家、化学家，近代微生物学和免疫学的奠基人。他首次证明发酵和腐败是微生物所致，进而否定了自然发生说，并确立了加温灭菌技术。

败？他们想知道，为什么甜菜浆发酵有时会出问题：没有产出乙醇，反而产生一种难闻的酸味？巴斯德解开这个谜团的方法有点像侦探。在显微镜的帮助下，他获得了关键线索：生产酒精的发酵桶中的沉淀物里含有酵母细胞。那些酵母菌显然是活着的，因为其中一些已发芽，表明它们正在活跃地繁殖。但当他观察酸化的发酵桶时，却连一个酵母细胞都看不到。靠这些简单的观察，巴斯德指出，以微生物形式存在的酵母菌就是神不知鬼不觉导致发酵的东西，是负责制造乙醇的关键因素。导致酸化、因而毁掉整个批次的是其他一些微生物，很可能是某种更微小的细菌。

这个结论的重点在于：活细胞的生长直接导致了某个特定的化学反应。酵母细胞就是在这个过程里，将葡萄糖转化成了乙醇。巴斯德的最大贡献是举一反三，他从具体个案引申出了普遍规律，得出了一个重要的新结论。他认为，化学反应不仅是细胞生命中一个有趣的特点，而且是生命的决定性特征之一。对此，巴斯德做出了精辟的概括："化学反应是细胞生命的一种表现。"

我们现在已经知道，在所有生物体的细胞内有数百甚至数千种化学反应同时发生。这些反应构建了生命的分子，形成了细胞的成分和结构；它们同样也能分解分子，回收细胞成分，释放能量。所有这些在生物体内发生的化学反应共同作用，就叫新陈代谢。生物体的一切机能——维持、生长、组织、繁殖，以及为这些过程提供动力的所有能量的来源——都以新陈代谢为基础。新陈代谢就是生命的化学反应。

但是，构成新陈代谢的千变万化的化学反应是如何引发的呢？在巴斯德研究的酵母里，究竟是什么物质执行了发酵的化学反应？另一位法国化学家马塞林·贝特洛特（Marcelin Berthelot）[1]对这一谜团展开了深入研究，并取得了进展。他粉碎了酵母细胞，从残渣中提取出一种化学物质。这种物质的表现非常有趣，它引发了一种特殊的化学反应——将蔗糖转化为两种较小的糖类成分：葡萄糖和果糖——自身却没有被化学反应消耗掉。它是一种无生命的物质，却是生命过程中不可或缺的一部分，值得注意的是，即便把它从细胞中提取出来，它还能继续工作。他把这种新物质称为转化酶。

转化酶是一种酶。酶是催化剂，也就是说，它们能促进和加速化学反应，效果通常很显著。它们对生命来说极其重要。要是没有酶，许多对生命来说至关重要的化学反

---

1. 马塞林·贝特洛特（1827—1907），法国化学家和政治家，首创合成有机化合物，推翻了一般人认为有机物有"生命力"的论点。

应都无法发生，尤其是在大多数细胞内温度相对较低，条件也很温和的情况下。酶的发现为当今所有生物学家的共识奠定了基础，即大多数生命现象都可以被理解为由酶催化的化学反应。为了了解酶是如何做到这一点的，我们首先要了解酶是什么，以及酶是由什么构成的。

大多数酶是由蛋白质构成的，而蛋白质是由细胞构建的、被称为聚合物的长链状分子。聚合物结构对生命的化学反应的每个环节都非常重要。和大多数酶以及所有其他蛋白质一样，构成细胞膜的所有脂质分子、所有储存能量的脂肪和碳水化合物，以及负责遗传的核酸——脱氧核糖核酸（DNA）和与之密切相关的核糖核酸（RNA），都是聚合物。

这些聚合物基本上都是由五种化学元素的原子构成的：碳、氢、氧、氮和磷。在这五种元素中，碳的角色尤其重要，主要是因为相较于其他元素，碳元素更通用。比如氢原子只能连接一个原子——一个化学键，而每个碳原子可以与四个原子相结合。碳元素形成聚合物的关键就在于此：碳的四个潜在键中的两个可以连接另外两个原子，且通常连接的是别的碳原子，从而形成一个原子链，成为一个聚合物的核心。这样一来，每个碳原子都还有两个多余的键可以与其他原子连接。这些额外的键可以将其他分子添加到主聚合物链的两侧。

我们在细胞中发现的许多聚合物都是非常大的分子，事实上，它们大到被冠以一个特定的、直白的名字：大分子。若要了解这些分子到底有多大，请先记住，你的每条染色体核心的 DNA 大分子可以长达几厘米。这意味着它们将数百万个碳原子整合成了一条长得惊人却纤细的线状分子。

蛋白质聚合物没有那么长，一般都是以几百到几千个相连的碳原子为基础。但是，它们的化学变化比 DNA 多得多，这就是它们能作为酶在新陈代谢中起主导作用的主要原因。每一种蛋白质都是由较小的氨基酸分子一个接一个连成长链而构建出的碳基聚合物。比如转化酶，它是由 512 个氨基酸以特定序列连接在一起而构成的蛋白质分子。

生命体使用了 20 种不同的氨基酸，每一种氨基酸都有从主聚合链上分支出来的侧链分子，从而具有不同的化学特性。例如，有些氨基酸带有正电荷或负电荷，有些氨基酸亲水或排斥水，有些氨基酸能够轻易地与其他分子形成键。每个氨基酸有不同的侧链分子，细胞将这些氨基酸组合并串起来，就能创造出数量惊人的不同的蛋白质聚合物分子。

这些线性蛋白聚合物的长链被串起来后，就会折叠、扭曲并结合在一起，构建出复杂的三维结构。这个过程就像一段有黏性的胶带可以把自己裹成一个错综交织的球，只是蛋白质的折叠过程可重复且结构更精准。在细胞中，同一串氨基酸总是试着形成同一种特定形状。这种从一维到三维的飞跃意义非凡，因为这意味着每个蛋白质都有独一无二的物理形态和独一无二的化学属性。其结果就是，细胞可以用这样的方式构建酶，因此这些酶可以与其影响的化学物质极其精确地结合在一起——比如转化酶的局部能和蔗糖分子完美结合。这反过来又使酶能为特定的化学反应提供它所需要的精确化学条件。

　　几乎所有构成细胞新陈代谢基础的化学反应都是由酶完成的。但是，除了构建分子、分解分子之外，它们还发挥着许多其他作用。它们是质量监控者，也是转运者：在细胞不同区域间传递成分和信息，并将其他分子送入或送出细胞。还有些酶始终在留意入侵者，激活保护细胞的蛋白质，从而使我们的身体免受疾病的侵害。酶并不是唯一的蛋白质。我们身体的每个部分——从头发到胃酸，再到眼睛里的晶状体——几乎都是蛋白质做的，或是由蛋白质构建而成的。所有这些独特的蛋白质都经过了进化千万年的千锤百炼，才能在细胞内完成特定的功能。哪怕只是一个相对简单的细胞也包含了海量的蛋白质分子。在一个小小的酵母细胞中共有超过 4000 万个蛋白质分子，换言之，一个微不足道的细胞中的蛋白质数量就相当于北京这样的巨型城市人口数量的两倍！

蛋白质极富多样性，因此每一个细胞内时时刻刻都好似涌动着一个巨大的化学反应的旋涡。如果你能想象自己有一双能感知分子世界的眼睛，在观看一个活体细胞的内部，那么化学活动沸腾的骚乱将给你的感官带来巨大冲击。其中有些分子带电，会产生吸引力或排斥力，而其他分子则不带电。有些是酸性的，有些是类似漂白剂的碱性。所有物质都在不停地相互作用，随机碰撞或按部就班地进行。有时，分子通过电子或质子的快速交换，短暂地聚集在一起，发生化学反应。还有些时候，分子通过形成紧密而持久的键保持化学关联。总的来说，细胞中持续进行着成千上万种化学反应，以维持生命。即使是最大规模的化工厂里发生的化学反应的数量也会相形见绌。毕竟，一家塑料厂里大概只需要几十种化学反应。

生命进化需要漫长的时间，而所有这些疯狂而快速的化学反应占用的时间却都是一瞬间。细胞世界所用的快速时刻表令人眼花缭乱，和进化的慢速时刻表一样，让我们的大脑难以想象和理解。有一些酶能以惊人的速度工作，每秒钟都要进行数千次甚至数百万次化学反应。这些酶工作起来不仅速度极快，而且极其精准。它们能以化学工程师梦寐以求的精确度和可靠度巧妙地处理每一个原子。不过，进化经历了数十亿年，一直在努力完善这些过程——远比我们人类存在的时间长得多。

让这一切协同作用是一项非凡的成就。在细胞内部同时发生的大量化学反应看起来是一片混乱，实际上却井然有序。每一种化学反应都不同，都需要特定的条件使它们正常运作。有些反应需要更偏酸性或更偏碱性的环境；有些需要特定的化学离子，比如钙、镁、铁或钾；有些需要水分，而有些会因有水分而减慢反应速度。然而，所有这些不同的化学反应必须在狭小的细胞内部彼此紧挨着同时进行。难度这么大却可能实现的原因在于，各种酶并不需要不同的极端条件——诸如工业化学制造业中常见的极端温度、压力、酸性或碱性环境。如果每一种酶必需的条件都不一样，它们就不能共存于如此微小、拥挤的环境里了。不过，很多新陈代谢的反应仍需要彼此相隔进行，不能互相干扰，特定的化学条件也必须得到满足。而应对这种难题的妙计就是区室化。

区室化可以让各种复杂的系统发挥作用。不妨以城市为例。城里有火车站、学校、医院、工厂、警察局、发电厂、污水处理厂等机构，只有把它们规划在具有各自特定功能的不同区块时，它们才能有效率地运作。城市需要将这些，乃至更多机构作为一个整体来运转，如果把它们全部混在一起，所有事情都会搞砸。它们必须分开才能有效地发挥作用，但也需要较为紧密地关联在一起。细胞也是如此，它需要创造出一套独特的化学微环境——这些微环境无论在物理空间还是时间跨度上都彼此分离，但也相互关联。为了实现这一点，生物体构建了相互作用的区室系统，大小不一，有的区室非常大，有的则非常小。

最大的区室可能是我们最熟悉的：像植物、动物——包括你和我——这样的多细胞生物体的各种组织和器官。这些区室都有鲜明的特征，每一个都是为特定的化学和物理过程定制的。你的胃和肠负责消化食物中的化学物质；你的肝脏负责解除化学物质和药物的毒性；你的心脏使用化学能来泵送血液；这种例子还有很多。这些器官的功能都取决于一个事实：它们是由特定的细胞和组织构成的，比如胃黏膜的细胞分泌酸，心脏肌肉的细胞负责收缩。反过来说，这些细胞本身就是区室。

事实上，表现生物体区室化的最基本的案例就是细胞。细胞外膜的基本作用就是把细胞内的物质与外部世界分隔开。多亏细胞膜有隔离作用，细胞才能保持孤岛状态，维持内部的化学和物理秩序。当然，细胞只能暂时维持这种状态：当细胞停止运作时，它们就会死亡，混乱就会重现。

细胞本身就包含连续的区室。其中，最大的区室是由膜包裹的细胞器，比如细胞核和线粒体。不过，在观察这些细胞器如何运作之前，我们要先聚焦于更简单的碳聚合物，因为碳聚合物是最基本的成分，更大的区室都是围绕它们并建立在它们的特性之上的。

细胞内最小的化学区室是酶分子的表层。这些分子有多小呢？你可以看看自己手背上非常细的绒毛，它们是你肉眼能看到的最细的结构之一，但与酶蛋白相比，它们堪称巨型。沿着这样一根小绒毛的直径，能排列出大约 2000个转化酶分子。

每一个酶蛋白分子都提供了具有特定形态的封闭空间和对接点，它们都是针对单个原子的大小、为它们与特定分子结合量身定做的。这些精巧的结构实在太小了，哪怕用最强大的光学显微镜也看不到。研究人员必须借助 X 射线晶体学、低温电子显微镜等技术来推断它们的形状和特性，这些技术将我们的认知推进到了非凡的层面，让我们能够探测出构成酶蛋白的数百乃至数千个彼此关联的原子的位置和特性。研究人员可以看到酶在化学反应中是如何与它们操控的化学物质相互作用的。这些化学物质被称为底物（substrates）。酶和它们的底物结合在一起，就像小碎片拼成的微型三维拼图。当这个拼图的各个元素合为一体，化学反应就会在不影响细胞的其他部分的情况下，让酶以适当的角度和化学条件发挥作用，对原子进行异常精准的手术，摆布一个又一个原子，制造或破坏特定的分子键。举例来说，转化酶通过破坏蔗糖分子正中间的一个氧原子和一个碳原子之间的一个特定的键，来发挥作用。

酶有协同运作的本领，以确保一次化学反应的产物能被传递下去，直接成为下一场反应的底物。用这种办法可以协调复杂过程中所需的一系列化学反应，比如，用较简单的成分构建出脂质膜或其他复杂的化学成分。生物学家称这一系列复杂且相互作用的化学过程为代谢途径，其中一些化学过程涉及了许多独特的反应。代谢途径的工作方式真的很像工厂流水线：每一个步骤必须彻底完成，才能进行流程中的下一个环节。

酶还可以靠协同运作完成更复杂的合成任务，比如以超乎寻常的精确度复制 DNA。你可以把有这种本领的酶想象成一个特别微小的分子机器，它的操作极其精确，绝对可靠。其中一些分子机器可以用化学能在细胞中完成物理性的工作。比如，作为分子"马达"的蛋白质可以为细胞本身，以及细胞内需要运输的各种物质和结构的大部分活动提供动力。有些蛋白质就像被调度的司机，能按照需求，将细胞的成分和化学物质送达细胞中的指定地点。它们沿着细胞内错综复杂的轨道——也是由蛋白质组成的——输送物资，这些轨道的格局俨如交错的铁路网。研究人员拍摄了这些微小的分子马达的动态，看到它们像小机器人一样在细胞内"走动"。这些马达自备棘轮机构，既能让它们不断前进，还能有效避免它们意外碰撞到其他分子而偏离方向。

分离染色体以及将分裂的细胞断成两半所需的动能也是由这类分子马达产生的。虽然这些分子马达每一个都极小，但数十亿个它们齐心协力，穿梭在数百万个肌肉细胞里，就能产生让黄色蝴蝶在花园中飞舞、让你的眼睛追随本页文字阅读、让猎豹以非凡的速度奔跑的动力。单个蛋白质的微小作用结合在一起，并以极大的数量运行于众多细胞中，最终缔造出我们身边所能看到的现实世界。

在比单个酶和分子机器更大的尺度上，一组蛋白质可以彼此实际对接，形成一套细胞装置，运作更复杂的化学反应。各种蛋白组中，比较重要的是核糖体，即制造蛋白质的地方。每一个核糖体都是由几十种蛋白质，再加上数个大分子RNA——也就是DNA在化学层面上的近亲——组成的。核糖体比一般的酶大，在一根头发的横切面上只能并排放置几百个核糖体，而非几千个，但即便如此，它们还是太小了，没有电子显微镜的话根本看不到。正在生长和繁殖的细胞需要大量新的蛋白质，所以每个细胞都含有几百万个核糖体。

为了构建一个新的蛋白质分子，核糖体必须读取特定基因的遗传密码，并将其翻译成由 20 个氨基酸字母组成的"蛋白质文字"。要做到这一点，细胞首先要临时拷贝一份特定的基因。这个拷贝工作是由 RNA 完成的。RNA 的作用类似信使，事实上，它们确实被称作"信使 RNA"，因为它实打实地携带着基因副本，把细胞核中的基因传送到了核糖体。核糖体以信使 RNA 为标准模板，按照基因规定的顺序将氨基酸串联起来，从而构建出蛋白质。通过形成高度结构化且独立的微环境，核糖体由此确保了多种酶在多层面上准确而迅速地进行反应：每个核糖体只需要一分钟左右就能造出一个内含约 300 个氨基酸的普通蛋白质。

细胞器比核糖体大得多，但和我们肉眼所能看到的事物相比仍是极其微小的，每个细胞器都被各自的脂质膜包裹着。在真核细胞中，这些细胞器提供了下一层重要的区室。每一个细胞的核心细胞器就是我们所熟知的细胞核。在显微镜下，细胞核通常是最明显的细胞器。但是，大多数细胞本身就很小——你手背上的绒毛横切面上能排列两三个白细胞——可想而知，细胞核就更小了。每个细胞核只占白细胞体积的 10% 左右。但请你记住：就在这个令人难以置信的微小空间里，装载了所有 DNA 的完整拷贝，包括所有 22 000 个基因——若全部抻直，足有 2 米长。

所有维持细胞生存的不同化学过程都需要能量，确切地说是大量能量。如今，我们身边的绝大多数生命形式，归根结底都是从太阳获取能量的。这就是叶绿体——对生命至关重要的另一种细胞器——所实现的壮举。与细胞核不同，叶绿体不存在于动物细胞中，只存在于植物和藻类的细胞里。叶绿体是进行光合作用的场所。光合作用就是利用太阳光的能量，将水和二氧化碳转化为糖和氧气的一系列化学反应。

光合作用所需的酶都排列在围绕每个叶绿体的两层膜中。公园里的一根草中的每一个细胞，都大约有 100 个这样大致呈球形的细胞器，且每个都含有大量被称为叶绿素的蛋白质。因为有叶绿素，草看起来才是绿色的：它们从光谱的蓝色和红色部分吸收能量，为光合作用提供动力，从而反射出绿色波长的光。

能进行光合作用的植物、藻类和一些细菌会产生单糖，这是它们最直接的能量来源，也作为原始材料被用于构建它们生存所需的其他分子。它们还产生被其他生物消耗的糖和碳水化合物：真菌以腐烂的木头为食，绵羊啃食青草，鲸鱼吞下发生大量光合作用的浮游生物，世界各大洲人类仰赖所有粮食作物生存。事实上，对我们身体每个部分的构建都至关重要的碳，归根结底也来自光合作用。一开始，它以二氧化碳的形式存在，然后经由光合作用这一化学反应，被从空气中抽离出来。

光合作用这一化学反应不仅为当今地球上大部分生命体的构建提供了能源和原料，也在地球的历史上起到了决定性的作用。迄今为止发现的最古老的化石距今有35亿年，换言之，那时已出现了最早的生命体：它们都是单细胞微生物，可能是从地热中获取能量的。地球上生命的早期阶段没有光合作用，因而也没有主要的氧气来源。所以，大气中几乎没有氧气，地球上的早期生命体遇到氧气时还会出现一些问题。

我们认为氧气是用来维持生命的，事实也是如此，但氧气也是一种具有高度化学活性的气体，可以破坏其他化学物质，包括生命必需的聚合物，比如DNA。一旦微生物进化出光合作用的能力，它们就会大量繁殖。历经千万年后，大气中的氧含量急剧增加。随后，大约在20亿～24亿年前，"大氧化事件"爆发了。当时存在的所有生物体都是微生物，要么是细菌，要么是古细菌，但有些专家认为，那些微生物中的绝大部分都因氧气骤增而灭绝。生命创造的生存条件，却差点导致所有生命一次性灭绝，这实在太讽刺了。幸存下来的少数生命，要么退到较少接触到氧的地方，譬如海底或地底深处，要么就必须适应，进化出在含氧世界里壮大繁衍所需的新化学成分。

今天，像人类这样的生物体仍要谨慎地处理氧气，但我们完全依赖它，因为我们需要氧气分解身体吃进去、制造出来或吸收的糖、脂肪和蛋白质并释放能量。这是细胞呼吸这一化学过程所带来的结果。这一系列反应的最后阶段发生在线粒体内，对所有真核细胞来说，线粒体是另一个攸关性命的细胞区室。

线粒体的主要作用是产生让细胞进行化学反应的能量。正因如此，需要大量能量的细胞才会含有大量线粒体：为了保持心脏跳动，心脏肌肉中的每一个细胞都必须征用几千个线粒体；所有线粒体加在一起，要占据心脏细胞中40%的可用空间。用严格的化学术语来说，细胞呼吸逆转了光合作用的核心反应。糖和氧气发生反应后生成水和二氧化碳，并释放出大量能量，这些能量将被收集起来供以后使用。线粒体确保了这种步骤繁多的化学反应的高度受控，并以循序渐进的严谨秩序推进，且不会损失太多能量，也不会因有活性氧和电子逃逸而破坏细胞的其他部分。

细胞呼吸过程中的关键步骤基于质子的运动：质子是

被剥夺了一个电子的单个氢原子，因而带有电荷。这些质子从线粒体的中心被推出来，进入包围每个线粒体的两层膜之间的空隙。结果就构建出了一种格局：线粒体内膜外的带电质子比内膜内的多。虽然这个过程是基于化学的，但它本质上是一个物理过程。你可以把它想象成在山坡上抽水，来填满一个水坝。水电站里的水沿着山坡从水坝中一冲而下，涡轮机将水的动能转化为电能。同样，在线粒体里，被推出内膜"水坝"的质子经由蛋白质构成的通道冲回细胞器的中心，在这个落差中，带电质子产生的动能被蛋白质通道捕获，并以高能化学键的形式储存起来。

　　第一个用非凡的想象力揣测到细胞可能以这种意想不到的方式产生能量的人是英国生物化学家、诺贝尔奖获得者彼得·米切尔（Peter Mitchell）。他曾在爱丁堡大学动物学系工作，多年后，我也在那儿进行了酵母细胞周期的研究，但那时他已离开，去英格兰西南部的荒原建立了自己的私人实验室。这事很不寻常，在某些人眼里，他显然是个地地道道的英国怪咖。我见到他的时候，他已经70多岁了，但好奇心不减当年，那种对知识的热情给我留下了难以磨灭的印象。我们无所不谈。他的思维方式极富创造性，令我深深地被触动；他无视那些质疑他的人，埋头证明他那些看似离奇但实际上就是正解的想法，这也让我非常敬佩。

在线粒体中，担任"涡轮机"作用的微小蛋白质结构的长相甚至都有点像发电站中的涡轮机，只不过是现实版涡轮机的几十亿分之一的微型版！分子级涡轮机的通道只有万分之一毫米宽，质子冲过去时，会连带转动同样小的分子级转子。这个旋转的转子催生了一个非常重要的化学键，创造了一个新的分子：三磷酸腺苷，简称ATP。这种反应是以每秒150次的速度快速发生的。

ATP是生命的通用能源。俨如一枚枚极小的电池，每一个ATP分子都储存着能量。当细胞内的化学反应需要能量时，细胞就会打破ATP的高能键，将ATP变成二磷酸腺苷（ADP），细胞可以用这个过程释放出的能量去触发化学反应或物理过程，比如分子马达的每一个动作。

你吃掉的大部分食物最终都会在细胞的线粒体中被消耗，线粒体用它所含的化学能量制造出了大量ATP。为了给所有的化学反应提供动能，从而支持你身体里数万亿个细胞的运作，你的线粒体每天产生的ATP的总重量相当于你的体重，这是何等惊人啊！请你感受一下手腕的脉搏跳动、皮肤的热度、呼吸时胸口的起伏……这些都是由ATP提供动能的。生命的动力来自ATP。

所有生物都需要持续、可靠的能量供应，最终，能量都是通过同样的过程制造出来的：控制质子流过膜屏障，以制造 ATP。要说有什么东西最像先哲所说的"活力的火花"那样维持生命，很可能就是这种微小的电荷流过膜的过程。但这并不神秘，而是一种广为人知的物理过程。细菌主动推送质子穿过外膜，而真核生物中更复杂的细胞则是在专门的区室——线粒体——中完成这个过程的。

整体来看，所有这些细胞内不同层级的空间组织——从酶里一个小到不可思议的对接点，到包含染色体的相对较大的细胞核——它们共同指向了一种看待细胞的新方式。如今，当我们看到强大的显微镜提供的高像素的精美照片时，我们看到的是一个复杂的、不断变化的化学微环境网络，其内部组织非常有序且相互关联。这种细胞观与那种仅仅把细胞视为乐高积木的看法有天壤之别——细胞不只是用来组装动植物体内更复杂的组织和器官的组件，实际上，每个细胞本身就是一个高度复杂且完备的生命世界。

自拉瓦锡在两个多世纪前思索发酵如何发生以来，生物学家们逐渐认识到，即使是最复杂的细胞和多细胞体的行为也能从化学和物理学的角度去理解。这种思维方式对我和实验室同事来说非常重要，因为我们试图了解细胞是如何控制细胞周期的。我们发现了 *cdc2* 基因是细胞周期的控制者，但接下去，我们还想知道这个基因到底做了什么。这个基因制造出的 Cdc2 蛋白究竟进行了哪些化学或物理反应？

要找到这个问题的答案，我们就要从相当抽象的遗传学世界转到更加具象的、机械化的细胞化学世界。也就是说，我们必须进行生物化学研究。生物化学倾向于还原论的方法，用大量细节详细描述化学机制，相比而言，遗传学倾向于整体性的思考方式，将生物系统的行为作为一个整体去研究。就我们的课题而言，遗传学和细胞生物学已向我们表明 cdc2 是细胞周期的重要控制者，但我们需要生物化学来解释 cdc2 基因制造的蛋白质是如何在分子层面发挥作用的。这两种方法提供了不同种类的解释；当它们达成一致时，你就会获得信心，相信你的研究方向是正确的。

原来，Cdc2 蛋白是一种被叫作蛋白激酶的酶。这种酶会催化磷酸化反应：在其他蛋白质上增加一个带有强负电荷的磷酸小分子。Cdc2 首先必须与另一种蛋白质——周期蛋白（cyclin）——结合，被激活后才能发挥蛋白激酶的作用。Cdc2 和周期蛋白结合后形成的活性蛋白质复合物，则被称为周期蛋白依赖性激酶（cyclin-dependent kinase），简称 CDK。细胞周期蛋白是由我的朋友兼同事蒂姆·亨特

（Tim Hunt）[1] 发现并命名的，它会在细胞周期里按一定水平上下"循环"移动，这种调控是细胞机制中的重要环节，就像一个开关，可以确保 CDK 复合物在正确的时间启动或停止。顺便说一句，周期蛋白（cyclin）这个名字比 *cdc2* 好多了！

当活性 CDK 复合物使其他蛋白质磷酸化时，它添加的带负电荷的磷酸盐分子会改变这些目标蛋白质的形状和化学性质。这反过来也会改变它们的工作方式。比如，它们可以激活其他酶，就像在 Cdc2 蛋白中加入周期蛋白从而激活 CDK 那样。像 CDK 这样的蛋白激酶可以在同一时间内飞速地让许多不同的蛋白质磷酸化，所以，这些酶经常被用作细胞中的开关。这就是细胞周期中发生的事。细胞周期早期的 S 期要复制 DNA，后期的有丝分裂要分离复制好的染色体，这些动作都需要许多不同的酶的协调。CDK 对各种蛋白质同时进行大量的磷酸化，由此控制复杂的细胞过程。因此，理解蛋白质磷酸化就是理解细胞周期控制的关键所在。

弄清楚这一切，真正认识到 *cdc2* 是如何对细胞周期产

---

1. 蒂姆·亨特（1943—　），英国生物化学家、分子生理学家，因发现细胞周期中的关键调节因子，他和利兰·哈特韦尔、保罗·纳斯一起获得了 2001 年诺贝尔生理学或医学奖。

生巨大影响的，这种满足感无以言表，我再怎么强调都不为过。说真的，这就像是传说中才有的灵光乍现的"尤里卡时刻"。我实验室的研究课题从确定酵母菌基因——比如 *cdc2*，该基因控制细胞周期，从而控制细胞的增殖——到证明从酵母菌到包括人类在内的所有真核生物中都有这样的基因控制，再到最终找到让它发挥作用的分子机制。这番研究花了相当长的时间，总共大约 15 年，前后共有 10 位同事在我的实验室一起工作。而且，一如科学界的普遍情况，我们的研究成果也得益于世界上许多实验室的贡献，他们研究了各种生物体的细胞周期，包括海星、海胆、果蝇、青蛙、老鼠乃至人类。

最终，生命从相对简单、广为人知的相吸相斥的化学原理中出现，从分子键的产生和断裂中出现。这些最基本的反应过程在极其微小的分子层面上共同运作，创造出了会游泳的细菌、生长在岩石上的地衣、花园里的花朵、飞舞的蝴蝶，以及能够书写和阅读这些文字的你和我。

因而，我们现在思考生命时已能在观念上达成共识：细胞，乃至整个生物体，都是复杂得令人震惊但最终可以被理解的化学和物理机器。在这种观念的基础上，当今的生物学家正在努力地对这些复杂得惊人的生命体的所有组成部分进行定性和分类。为此，我们现在会利用强大的科技来深入研究极端复杂的活细胞。我们可以提取一个细胞或一组细胞，并对它们含有的所有 DNA 和 RNA 分子进行测序，再对其中数千种不同类型的蛋白质进行识别和统计。我们还可以详尽描述细胞中存在的所有脂肪、糖类和其他分子。这些技术极大地扩展了我们的感知领域，让我们对细胞内各种看不见的且不断变化的成分有了更全面综合的新认识。

然而，将认知的视野拓宽到细胞层面也带来了新的挑战。正如西德尼·布伦纳所言："我们沉溺于数据，却渴求知识。"他担心太多生物学家花了太多时间去记录和描述生物化学的细节，却并不能透彻地理解那一切究竟意味着什么。要将所有数据转化为有用的知识，其重点就在于理解生命如何处理信息。

这就是生物学里第五个伟大的概念，也是我们接下来要细说的。

五　生命的信息
Life as Information

以整体来运作
Working as a Whole

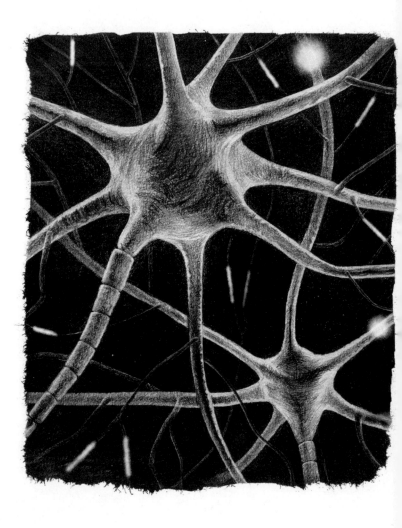

是什么原因让那只黄色蝴蝶在多年前闯入我童年的花园？是它饿了，还是在寻找产卵的地方？是在被鸟儿追赶，还是只是在顺应探索世界的内在冲动？当然，我不知道那只蝴蝶为什么会飞进花园，但我可以肯定的是，它正在与其世界互动，继而行动。要做到这一点，它必须处理信息。

信息处于蝴蝶生存的中心，实际上，也是所有生命的中心。生物体要作为一个有组织的复杂系统有效运作，就必须不断地收集、利用外部世界和内部状态的信息。当世界——无论是外部还是内部——发生变化时，生物体要有办法探测到变化，并做出反应。否则，它们的未来可能时日无多。

就蝴蝶而言是怎样的情形呢？当蝴蝶四处飞舞时，它的感官正在勾勒我的花园，画面里充满了细节。它的眼睛在探测光线；它的触须在采集身边各种化学物质的分子；它的毛发在监测空气的振动。总而言之，我坐在花园里时，它收集了很多花园的信息。然后，它把各式各样的信息汇总在一起，其目的是把所有信息转化为有用的认知，以便它有的放矢地采取行动。这种认知可能是探测到了一只鸟的影子，或一个好奇的孩子的影子，或识别出了一朵花的花蜜味。进而催生出一种结果：蝴蝶扇动翅膀移动，以避开鸟儿或落在花上进食。蝴蝶综合了许多不同的信息来源，以便做出对其未来产生有意义的后果的决定。

与生物体对信息的依赖密切相关的是，生物体是带着目的性去行动的。蝴蝶收集的信息都是有意义的。蝴蝶要靠这些信息帮助它决定下一步该怎么做，以便达到某种特定的目的。这就意味着它的行动是有目的的。

作为科学的一个分支，生物学探讨目的性常常是很有意义的。相反，在物理科学中，我们不会问一条河流、一颗彗星或一个引力波的目的。但是，问酵母中的 *cdc2* 基因有何目的，或者问蝴蝶的飞行有何目的，却是有意义的。所有生物体都在维持和管理自身，它们生长并繁衍。这些都是得到进化的有目的的行为，因为它们提高了生物体实现其基本目标——使它们自己和后代得以延续——的概率。

有目的的行为是生命的特征之一，但是，只有当生命系统作为一个整体运行时，才可能出现这种行为。最早理解生物体这一显著特征的人之一，当数 19 世纪初的哲学家康德。在《判断力批判》（*Critique of Judgement*）一书中，康德认为生物体的各个部分是为了整个生命体而存在的，整体也是为了各个部分而存在的。他指出，生物体是有序的、有凝聚力的、能自我调节的实体，掌握着自身的命运。

让我们从细胞的层面来思考这个问题。每个细胞里都有大量不同的化学反应和物理活动。如果所有不同的反应过程都混乱运行，或针锋相对，事态就会迅速崩解。只有通过管理信息，细胞才能在极端复杂的操作中建立秩序，从而实现维持生命和繁衍的终极目的。

要搞明白这种运作机制，就要先记住：细胞是作为一个化学和物理机器的整体运作的。你可以通过研究细胞的各个组成部分来更多地了解细胞，但要让细胞正常运作，活细胞内的众多不同化学反应就必须相互沟通、协同工作。这样，当环境或内部状态发生变化——细胞的糖分不足，或是碰到有毒的物质——时，细胞就能感觉到变化，并调整自己的行为，从而使整个系统尽量保持最佳运行状态。就像蝴蝶收集周边世界的信息，并利用这种认知来改变自己的行为，细胞也始终在评估内部和外部的化学、物理条件，并用这些信息调节自己的状态。

为了更好地领会细胞利用信息来调节自身的意义，我们不妨先试想一下人类设计的机器是如何直截了当地实现这一点的。举例来说，最早由荷兰的跨界科学家克里斯蒂安·惠更斯（Christiaan Huygens）[1]为了配合磨石使用而研发的离心式调速器，于1788年被苏格兰工程师、科学家詹姆斯·瓦特（James Watt）[2]加以改造并取得了巨大成功。这种装置可以安装在蒸汽机上，以确保发动机以恒定的速度运行，不至于过速运转，或因故障停转。离心式调速器由两个围绕中心轴旋转的金属球组成，由蒸汽机提供动力。当发动机运行速度加快时，离心力将球向外及向上推动。这就起到了打开阀门的作用，将蒸汽从发动机的活塞中释放出来，使蒸汽机减速。当发动机减速时，重力又会拉回调速器的钢球，关闭阀门，使蒸汽机再次加速，达到预想的速度。

要理解瓦特调速器的原理，信息学是最好的角度。钢球的位置作为一个可以被读取的信息，展示了发动机的速度。如果速度超过了预期水平，开关，也就是蒸汽阀，就会被激活，从而降低速度。这就形成了一个信息处理装置，

---

1. 克里斯蒂安·惠更斯（1629—1695），荷兰物理学家、天文学家和数学家，发现了土卫六和土星光环、火星极冠、木星表面条纹，分辨出猎户座大星云中的恒星。
2. 詹姆斯·瓦特（1736—1819），英国著名发明家和工程师，他改良的蒸汽机在工业革命中发挥了重要的作用。

机器可以自我调节，不需要人类操作者输入任何指令。瓦特设定的这个简单的机械装置表现得带有目的性。它的目的就是确保蒸汽机以恒定的速度运作，并且它出色地实现了这个目的。

在活细胞内广泛使用的系统，其运作的概念与此类似，只是机制更复杂，也更灵活。这种机制提供了一种有效的方法来达到体内平衡——这是一个动态过程，用以维持各种有益于生存的条件。举例来说，通过体内平衡，身体才能维持温度、体液量和血糖的稳定。

信息处理渗透到生命的方方面面。透过信息的棱镜，我们能最透彻地理解复杂的细胞成分和反应过程，我们可以用两个例子来力证这一点。

第一个例子是DNA及其分子结构解释遗传的方式。关于DNA的关键事实是，每个基因都是用四个字母的DNA文字写成的线性信息序列。线性序列是一种常见且高效的信息存储和传递方式——你读到的这些单词和句子就是基于线性序列的，你桌上的电脑、口袋里的手机所用的代码也都是程序员用线性序列编写的。

这些不同的代码都是以数字方式来存储信息的。这里说的"数字"指的是：信息是以少量数字的不同组合来存储的。英语使用26个基本"数字"，即字母表里的字母；计算机和智能手机使用 1 和 0 的不同组合；同理可推，DNA 的数字就是 4 个核苷酸碱基。数字代码的一大优势在于：它们很容易从一种编码系统翻译成另一种编码系统。细胞将 DNA 编码转换为 RNA，再转化为蛋白质就是基于这样的翻译过程。在翻译中，它们将遗传信息转化为实际动作，其无缝衔接的灵活方式是任何人类工程系统都无法比拟的。计算机系统必须将信息"写"到不同的物理介质上才能对其加以存储，而 DNA 分子本身就是"信息"，这令它成为更简明的数据存储方式。技术专家们已经认识到这一点，正在设法开发将信息编码在 DNA 分子中的方法，以最稳定且节省空间的方式存储信息。

DNA 另一个决定性的功能是可以非常精确地复制自己的能力，这也是其分子结构带来的直接结果。从信息的角度考虑，碱基对（A 与 T，G 与 C）之间的分子吸引力让 DNA 分子携带的信息得以可靠且非常精确地复制。这种内在的可复制性最终解释了为什么 DNA 中的信息如此稳定。借由不间断的细胞分裂，一些基因序列得以在漫长的时间内持续存在。大部分构建各种细胞成分所需的遗传密码——例如核糖体——在所有生物体中显然都相同，无论是在细菌、古细菌、真菌、植物还是动物体内。这意味着这些基因中的核心信息可能已经保存了 30 亿年。

　　这也解释了为什么双螺旋结构如此重要。揭示了该结构后，克里克和沃森就好像建起了一座桥梁，把两种理解途径——遗传学家对生命所需信息如何世代相传的"自上而下"论，和对细胞如何在分子层面上构建和运行的"自下而上"的机械论——联系在了一起。这就强调了一点：为什么只有从信息的角度思考，生命的化学才说得通。

　　证明信息是理解生命的关键点的第二个力证是基因调控：细胞用来"开启"和"关闭"基因的一系列化学反应。这为细胞提供了一种方法，使它们只用到在特定时刻切实需要的基因——全部基因信息中的特定部分。能够做到这一点是非常重要的，一个不成形的胚胎能够发育成一个形态完整的人就是最生动的例子。肾脏、皮肤和大脑中的细胞都包含同样的 22 000 个基因，但因为有基因调控，在胚胎肾脏细胞中，制造肾脏所需的基因被"开启"了，而那些专门用于制造皮肤或大脑的基因被"关闭"，同样，别的脏器中的细胞基因也会有目的地开与关。最终，每个器官的细胞都不同，因为它们使用的基因组合非常不同。科学家们认为，在所有的基因里，其实只有五分之一——大约4000 个——被开启，并被身体中不同类型的细胞所使用，以支持生存所需的基本运作。其余的基因只是偶尔被用到，要么是因为它们只执行某些特定类型的细胞需要的特定功能，要么是因为它们只在特定时机才被需要。

基因调控也意味着，用完全相同的一组基因就能创造出生物在不同阶段的形态变化。每一只精巧复杂的钩粉蝶都是从不怎么起眼的绿色毛毛虫开始的，这种从一种形态到另一种形态的戏剧性蜕变就是以不同方式利用同一基因组中存储的同一套信息的不同部分来实现的。但基因调控的重要性不仅体现在生物体生长发育的阶段，也是所有细胞在环境变化时调整其运作方式和结构以生存和适应环境的主要方式之一。比如，如果一个细菌遇到了新的糖源，它就会迅速开启消化这种糖所需的基因。换句话说，细菌自带一套自我调节系统，能自动选择它当下所需的准确的遗传信息，以提高生存和繁殖的机会。

生物化学家已经确定了许多用于实现这些基因调控的基本机制。有些蛋白质被称为"阻遏物"，它们可以关闭基因；有些则被称为"激活物"，可以开启基因。它们通过寻求与被调控的基因附近的特定 DNA 序列结合，来实现这一功能，继而使得信使 RNA 更容易或更不可能产生并被送往核糖体制造蛋白质。

知道这一切是如何在化学层面运作的十分重要，但除了追问基因是如何被调控的，我们还想知道哪些基因被调控了，它们是处于开启状态还是关闭状态，以及为什么。

回答这些问题将指引我们抵达理解的新高度。我们会逐渐
了解：为了指导婴儿体内数百种不同类型的细胞的形成，
一个相当均一的人类卵细胞的基因组所保存的信息是如何
被使用的；为了纠正心肌细胞的行为，一种新的心脏药物
是如何开启和关闭基因的；为了制造出新的抗生素，我们
可以如何重组细菌的基因；等等。当我们学会以这种方式
看待基因调控时，有一点便显而易见了：基于信息处理过
程的诸多概念对理解生命的运作来说是必不可少的。

　　这种强大的思路最初源于雅克·莫诺（Jacques Monod）[1]
和他的同事弗朗索瓦·雅各布（François Jacob）的研究；
这项工作为他们赢得了 1965 年的诺贝尔奖。他们知道自己
研究的大肠杆菌可以靠两种糖存活。每种糖都需要用不同
基因制造的酶来分解。问题是，细菌如何决定怎样在两种
糖之间切换呢？

　　这两位科学家设计了一系列巧妙的基因实验，揭示了
这个基因调控特例背后的原理。他们证明了，当细菌以一
种糖为食时，有一种基因阻遏蛋白会关闭消化另一种糖所
需的关键基因。但当另一种糖出现时，细菌又会迅速切换，

---

1. 雅克·莫诺（1910—1976），法国生物学家，与弗朗索瓦·雅各布发现了
酶在原核生物转录作用调控中的角色，提出了操纵子理论。两人因此与安德
烈·利沃夫共同获得了 1965 年的诺贝尔生理学或医学奖。

开启被抑制的基因，从而消化这种糖。开关的关键就在于另一种糖本身：它会与阻遏蛋白结合，阻止蛋白正常工作，从而使被抑制的基因重新开启。这套机制既精准又经济地实现了既定目的。进化设计出了这种方法，让细菌感知到替代能源的存在，并利用这种信息，恰到好处地调整内部的化学过程。

最令人敬佩的是，雅各布和莫诺成功地推导出这个结论时，世上还没有人能够直接提取这一过程中涉及的特定基因和蛋白质。他们解决这个问题的方法只是借助信息的棱镜，细致观察细菌。换言之，他们不需要知道自己研究的细胞过程中的重要化学物质和成分的所有细枝末节。相反，他们从基因入手，让参与这个过程的基因发生突变，将基因视为控制基因表达的抽象的信息成分。

雅各布写了《生命的逻辑》（*The Logic of Life*），莫诺写了《偶然与必然》（*Chance and Necessity*），这两本书都对我影响至深，所涉及的问题与我在本书中讨论的议题也有共通之处。我没见过莫诺，但和雅各布见过好多次。我们最后一次见面时，他邀请我在巴黎共进午餐。他想谈谈自己的生活，再讨论一些想法：如何定义生命，进化论的哲学含义，以及对比一下法国和盎格鲁–撒克逊的科学家们对生物学的发展做出的贡献。战时的旧伤让他备受困扰，他是典型的法国知识分子，阅读量大得令人难以置信，哲学、文学和政治无所不通，对我来说，那是一次重要且难忘的会面。

雅各布和莫诺做研究的那个年代里，人们正在慢慢了解信息如何从基因序列转移到蛋白质，再转移到细胞功能，以及这种转移是如何被控制的。这种以信息为中心的思路也指导了我的思考。在开始自己的研究事业时，我想知道细胞是如何理解自己的状态，并组织其内部的化学成分以控制细胞周期的。我不只想描述细胞周期中发生的事情，还想了解是什么控制了细胞周期。这就是说，我要回到信息的角度去思考细胞周期，不仅把细胞看作化学机器，还要把它视为一台逻辑和演算的机器，就像雅各布和莫诺认为的那样，它的存在和未来都要归功于它处理和管理信息的能力。

近几十年来，生物学家们开发了强大的工具，投入了大量精力去识别、统计活细胞的各种成分。就拿我的实验室来说吧，为了完成裂殖酵母的全基因组测序，我们做了大量工作。我们的合作者是巴特·巴雷尔，他曾和弗雷德里克·桑格共事过。20世纪70年代，弗雷德里克·桑格发明了第一个实用可靠的DNA测序方法。在这个项目中，我见过弗雷德里克好几次，虽然那时他已经正式退休了。

弗雷德里克相当安静、温和，喜欢种植玫瑰，而且，与我这些年来遇到的许多最成功的科学家们一样，总是愿意慷慨地花时间与年轻科学家们交谈，鼓励他们。他走进巴特的实验室时就像一个迷路的园丁，当然，这可是一位获得了两次诺贝尔奖的园丁啊！

我和巴特共同组织了来自欧洲各地的十几家实验室通力合作，读取了裂殖酵母基因组中约 1400 万个 DNA 字母。在百余人的努力下，这项工程大约用了 3 年才完成，如果我没记错的话，这是第三种被完全且准确地进行了测序的真核生物。当时是 2000 年前后。现在，同样的基因组可以由几个人在一天之内完成测序！在这 20 年里，DNA 技术的进步可谓日新月异。

收集这类数据固然重要，但这只是迈出了第一步。更具挑战性的关键目标是了解这一切是如何共同运作的。心怀这个目标，我认为，大多数进展必将基于这种观点：将细胞看作由一系列单独的模块组成，它们共同运作，以实现更复杂的生命特性。我用"模块"这个词指代作为部件的一组成分：为了执行特定的信息处理功能，它们是作为一个单元发挥作用的。

用这个定义来看，瓦特的调速器就是一个目的明确的"模块"：控制发动机速度。雅各布和莫诺发现的基因调控系统也是一个例子：调控细菌消化糖类。从信息的角度来看，它们以相似的方式工作，都展示了一种名为"负反馈循环"的信息处理模块。这种模块可以用来维持稳态，在生物学中使用非常广泛。负反馈循环可以使你的血糖水平保持相对恒定，哪怕你吃了糖衣甜甜圈之类的高糖食物。胰腺中的细胞可以检测到你血液中过量的糖，并做出反应，将胰岛素释放到你的血液里。反过来，胰岛素会触发肝脏、肌肉和脂肪组织中的细胞，让它们从血液中吸收糖，降低你的血糖，并将其转化为不溶性糖原或脂肪，储存起来供以后使用。

另一种类型的模块是"正反馈循环"，可以形成不可逆的开关：一旦开启就永远不会关闭。正反馈循环可以通过这种方式控制苹果的成熟。正在成熟的苹果细胞会产生乙烯气体，既能催熟苹果，同时又能增加乙烯的释放量。因此，苹果的成熟度永远不会降低，相邻的苹果还可以互相帮助，让彼此更快成熟。

不同的模块连接在一起时，它们就能产生更复杂的结果。比如，有些机制产生的开关可以在开、关两种状态间来回跳动，或像振荡器一样，有节奏地不断脉冲式地开和关。生物学家已经发现了在基因活动和蛋白质层面运作的振荡器——它们被用于许多不同的目的，例如区分白天黑夜。植物叶子中的细胞会利用基因和蛋白质的振荡网络来估量时间的流逝，让植物预知新的一天即将开始，并在天亮前开启光合作用所需的基因。还有些振荡器会因为细胞的互动沟通而产生脉冲式的开关效果，比如此刻在你胸口跳动的心脏。另一个例子是在你的脊髓中嘀嗒作响的神经元振荡回路，它激活了腿部肌肉反复收缩和放松的特定模式，使你能以均匀稳定的步伐行走。所有这一切都不需要你刻意去想，它们自然而然就发生了。

不同模块在生物体中相互联系，产生了更复杂的行为。打个比方，智能手机有很多功能，诸如通话、上网、拍照、播放音乐、发送电子邮件等，你可以把每一种功能都想象成在细胞里运作的模块。设计智能手机的工程师必须确保这些不同的模块能够共同工作，以便让手机完成所有需要做的任务。为此，他们创建了逻辑图，显示信息在不同模块间是如何传递的。从模块层面开始设计一部新手机，可以让工程师确保他们的规划在功能上是合理的，而不至于迷失在单个部分的细节中。这样一来，他们就不需要从一开始就为组成每个模块的大量单独的晶体管、电容、电阻和其他无数电子元件而费神。

用这种思路，我们就更容易理解细胞了。如果我们能够了解细胞的不同模块，看到细胞如何将它们关联起来去处理信息，我们就不一定非要知道每个模块运作的所有微小的分子层面的细节。首要目标应该是把握其中的意义，而非仅仅对复杂的项目进行分类编目。比方说，我可以给你一个清单，上面包含所有印在这本书里的单词，以及它们出现的频率。这个编目就像一份零件清单，但缺失了说明书；这固然可以让你感受到文本的复杂性，但几乎所有意义都丢失殆尽了。为了把握意义，你必须以正确的顺序阅读这些词，琢磨它们以句子、段落和章节的形式在更高层次上传递了什么信息。它们共同作用，为我们讲清故事、说明问题、沟通想法和做出解释。生物学家对一个细胞中所有的基因、蛋白质或脂质进行分类编目时，也同样如此。这是一个重要的起点，但我们真正期盼的是了解这些部分如何共同运作，如何形成保持细胞活力和繁殖力的模块。

从电子和通信领域推衍出的类比对理解细胞和生物体很有帮助，就像我刚才举的智能手机的例子，但我们必须谨慎使用。生物所使用的信息处理模块和人类制造的电子电路所用的信息处理模块在某些方面是极其不同的。数字计算机硬件一般是静态的、不可变通的，所以我们才称它为"硬件"。相比之下，细胞和生物体的"线路"是流动的、动态的，因为它基于生物化学成分，可以在细胞的水分中扩散，也可以在不同的细胞区室和细胞之间移动。各种成分可以在细胞中更自由地重新拼接、重新定位和改换用途，有效率地重新排布整个系统的线路。硬件和软件的比喻很生动，但很快就不够用了，这就是系统生物学家丹尼斯·布雷（Dennis Bray）[1]创造了"湿件（wetware）"这个有见地的术语的原因，它可以用来描述生物体中更具灵活性的计算材料。通过湿化学媒介，细胞在不同部件间建立了关联。

在大脑这个典型的高度复杂的生物计算机中也是如此。在你的一生中，神经细胞不断生长、收缩，与其他神经细胞建立或中断连接。

任何一个复杂系统要想表现为一个有目的性的整体，就要在系统内的不同组成部分之间、系统与外部环境之间进行有效的沟通。在生物学上，我们把进行这种交流的模块组合称为"信号通路"。激素被释放到血液中就是个信号通路的例子，比如调节血糖的胰岛素，除此之外还有很多其他类型的通路。信号通路可以在细胞内、细胞之间、器官之间、整个生物体之间、生物种群之间，乃至整个生态系统的不同物种之间传递信息。

---

1. 丹尼斯·布雷（1939—2007），英国生物化学家，在神经生长和细胞运动领域进行了长期研究。他在 2009 年出版的《湿件：每个活细胞都有一台计算机》（*Wetware: A Computer in Every Living Cell*）中首次提出了"湿件"一词。

　　为了实现各种不同的结果，信号通路传递信息的方式可以有所调整。它们可以传递很简单的信息，比如开启或关闭一个信号源，就像打开灯的开关，但也能用更精巧的方式传递信号。比如，在某些情况下，一个微弱的信号会开启一个信号源，而另一个较强的信号会开启第二个信号源。类似的情况是，一声耳语可以引起你身边人的注意，但要在紧急情况下疏散整个房间里的人，就需要一声大喊。细胞还可以利用信号通路的动态行为来传输更丰富的信息流。哪怕信息本身只是"开"或"关"这么简单，也可以通过改变这两种状态延续的时间来传输更多信息。摩斯电码就是个很好的类比。只需简单地改变信号脉冲的持续时间和顺序，摩斯电码就能靠"点"和"划"传递出信息流，无论是紧急求救信号还是达尔文《物种起源》里的章节，其意义都能在这种信息流中得到传送。以这种方式运作的生物信号通路可以生成繁杂的信息，远比"是／否"或"开／关"之类的简单信息序列更富深意。

　　细胞不仅要把信息传递到空间里的另一点，还要想办法把信息传递到时间中的另一点。为了实现这一点，生物逻辑系统就必须有存储信息的能力。这就是说，细胞可以携带以往经历的化学印记，我们不妨把它想象成在我们大脑中形成的记忆。这些细胞记忆的跨度很广，从片刻前发生的事留下的短暂印象，到 DNA 保存的极其长久且稳定的记忆。细胞会在细胞周期中使用短期历史信息，比如细胞周期早期发生的事件的状态被"记录"并被信号传递到周期后期发生的事件。举例来说，如果复制 DNA 的过程尚未完成，或是出现问题，这个事件就需要被记录下来，并传递给负责细胞分裂的机制。否则，细胞可能在整个基因组被正确复制好之前就试图分裂，这就可能导致遗传信息的丢失和细胞的死亡。

基因调控的过程使细胞能够在较长时间里储存信息。这是英国生物学家康拉德·沃丁顿（Conrad Waddington）在 20 世纪中期特别感兴趣的课题。1974 年，我开始在爱丁堡大学做博士后研究时有幸结识了沃丁顿。他是一位非凡的人物，在艺术、诗歌和左翼政治方面有着广泛的兴趣，但他最著名的创举是创造了表观遗传学（epigenetics）这个词。他用这个术语来描述细胞在胚胎发育过程中逐渐承担更加特定的角色的方式。只要成长中的胚胎示意细胞一门心思扮演某个角色，它们就会记住这个信息，几乎不会再改变自己的发展方向。就这样，一旦某个细胞决意成为肾脏的一部分，它就将一直是肾脏的一部分。

当今大多数生物学家对表观遗传学这个词的用法都基于沃丁顿的想法。这个术语描述的是细胞以相当持久的方式开启或关闭基因的一系列化学反应。表观遗传过程并不改变基因本身的 DNA 序列；相反，它们起作用的方式常常是在 DNA 上或与 DNA 结合的蛋白质上添加化学"标签"。这种方式缔造了基因的活动模式，这一模式可以贯穿整个细胞的生命周期，有时经由数次细胞分裂，该模式延续的时间甚至更长。偶尔——但也确实不太常见——还可以从上一代持续到下一代，以化学形式将个体生物的生命经验信息直接经父母传递给子女，乃至他们的子孙后代。有些人认为，这些基因表达模式的跨代存续不啻为严峻的挑战，质疑了遗传仅基于 DNA 基因序列的观点。然而，目前的证据表明，跨代表观遗传只在少数情况下发生，在人类和其他哺乳动物中似乎非常罕见。

不只是基因调控，信息处理对于生物体如何在空间中创造有序的结构也很重要。以我的钩粉蝶为例。它的结构精巧复杂：翅膀的形状是被精心设计过的，以便飞翔；翅膀上的那些斑点和脉络也经过了非常精确的布置。此外，所有的蝴蝶都是按照同样的设计构造的，比如说，它们都有一个头部、胸部和腹部，六条腿和两根触须。这些结构的形成、生长和它们身体的其他部分一样，都是可预见的。所有这些非凡的空间结构是如何发生的？又是如何从一个均匀一致的卵细胞中产生的呢？

　　就连细胞也会呈现出各种高度复杂的结构和形状，和17世纪罗伯特·胡克描述的软木细胞，以及我上学时在洋葱根茎中观察到的那些呈箱状规则排布的表皮细胞截然不同——有的肺细胞上长着梳子般的毛，它们不断地摆动，将黏液和感染物排出肺部；有呈立方体形状的细胞生活在你的骨骼中，制造骨骼；还有神经元，它长长的分支连接可以抵达你身体的各个部位；诸如此类，不一而足。这些细胞里的细胞器可以被精确定位，并随着细胞的变化调整位置、进一步生长。

　　这种空间秩序是如何产生的？这是生物学中更具挑战性的问题之一。要得到令人满意的答案，就必须理解信息是如何在空间和时间中以信号传递的。到目前为止，我们真正充分了解的只有一点：生物体的结构是由分子直接组合而成的。核糖体就是一个很好的例子。核糖体相对较小，其形状是由分子成分间形成的化学键决定的。你可以把这些结构看作由一块块部件拼接而成的三维拼图，有点像乐高。这意味着，组装这些结构所需的信息都已嵌在核糖体组件——蛋白质和 RNA——自身的形状中了。反过来说，这些形状最终是由基因携带的信息极其精准地指定的。

　　要了解更大尺度上的结构，如细胞器、细胞、器官乃至整个生物体是如何形成的就更难了。各个部件间的分子的直接互动无法解释这些迥异的结构是如何形成的。一部分是因为它们比核糖体大，有时甚至大得多。但这也是因为它们可以以各种大小形态产生并维持完美的结构，即便细胞或机体长大或缩小时也一样能维持。如果是以乐高式的固定分子进行互动，这是根本不可能的事。以细胞的分裂来说，一个细胞的整体结构是有序的，分裂时，细胞会产生两个大小约为原来细胞一半的新细胞，但每个新细胞的整体结构都与原来的母细胞完全相同。

类似的现象也出现在海胆等生物的胚胎发育过程中。受精后的海胆卵经过多次的细胞分裂，生成了一个非常漂亮、精巧的小生物体。如果把海胆卵第一次分裂后形成的两个细胞拆开，那么，每个新细胞都会生成两个形态完美的海胆，但令人惊奇的是，这两个海胆的大小都只有同龄正常海胆的一半。这种对大小和形态的自我调节非常独特，百余年来，一直让生物学家们百思不得其解。

然而，惦记着信息的生物学家们慢慢开始对这些结构是如何形成的有所了解了。有一个办法可以让发育中的胚胎生成所需的信息，使均匀一致的一个细胞或一组细胞转变为一个高度模式化的结构——那就是通过制造化学梯度来实现。如果你把一滴墨水滴入一碗水中，墨水就会从滴入的位置慢慢扩散开来。墨水的颜色在离水滴越远的地方越浅,这就形成了化学梯度。这种梯度可以作为一种信息来源:如果墨水分子的浓度很高,我们就知道它离碗的中心点很近,也就是滴入墨水的地方。

现在,让我们把碗换成一个由相同的细胞组成的球体,把墨水换成蛋白质,在球的一边注入一定剂量的特定蛋白质——这种蛋白质可以改变细胞的特性。这为细胞提供了添加空间信息的方法,使其可以开始构建某种模式。蛋白质会在细胞中扩散,使球的一边浓度较高,另一边浓度较低,由此形成梯度。如果细胞对高浓度和低浓度的反应不同,那么这种蛋白质梯度就能提供构建复杂胚胎所需的信息。比方说,如果高浓度的蛋白质能生成头部细胞,中等浓度的蛋白质能生成胸部细胞,低浓度的蛋白质能生成腹部细胞,那么原则上,一个简单的蛋白质梯度就可以造就一只新的钩粉蝶。当然,具体案例中的情况通常不会如此简单,但有充分的证据表明,发育中的生物体上的信号分子梯度确实有助于形成复杂的生物形态。

阿兰·图灵(Alan Turing)在 20 世纪 50 年代初就曾关注这一系列的问题,图灵因破解了恩尼格玛密码机一举成名,也是现代计算机的创始人之一。针对胚胎如何从内部生成空间信息的问题,他提出了一个别出心裁且富有想象力的设想。他设计了一组数学方程式,预测了化学物质之间的相互作用，以及它们在一个结构中扩散时会发生哪些特定的化学反应。出乎意料的是，他的方程式——也就是他所说的"反应—扩散模型"——可以将化学物质排列成精巧的，而且往往是非常好看的空间模式。比方说，通过调整方程式参数，两种物质可以自行组织成空间排布均匀的小斑点、大斑点或条纹。图灵模型的迷人之处在于这些花纹图案是自然出现的，符合两种物质之间相对简单的化学相互作用的规则。换句话说，这为正在发育的细胞或生物体提供了一种方法，让它可以完全从内部产生成形所需要的信息；这是一个自组织过程。还没来得及在真实胚胎中验证自己的理论构想，图灵就英年早逝了，但当今的发育心理生物学家们相信，很可能就是这种生物机制让猎豹的背上有斑点，让许多鱼身上有条纹，让你的头皮上的毛囊分布均匀，甚至让发育中的人类婴儿的每只手分出五根手指。

当我们从信息的角度看待生命时，很重要的一点是，要认识到生物系统是在漫长的时间里逐渐进化而来的。我们已经能看清一个事实：生命的创新是基因随机突变和变异的结果。这些突变会再经过自然选择的筛选，连同那些运作良好的基因一起，融入幸存下来的、更成功的生物体中。这意味着现有的系统会随着逐渐增加的"添加物"而逐渐改变。从某些角度看，这很像你的手机或电脑常常要加载和安装新的软件更新。电子设备获得了新功能，但驱动它们的软件也势必变得越来越复杂。同样，对生命来说，所有基因的"更新"意味着细胞的整个系统将随着时间的推移而渐趋复杂。这会导致冗余：有些组件的功能会有重合；还有一些是被取代的部分的残余；还有一些组件在正常运作的情况下完全不必要，但如果主要组件发生故障，它们可以起到弥补的作用。

　　这一切都说明，相较于人类设计的智能控制电路，生物系统往往效率更低且不够合理，这显然也是生物和信息处理技术的类比只能到此为止的另一个原因所在。正如西德尼·布伦纳所言："数学是有关完美的艺术。物理是有关理想的艺术。而生物，因有进化，是符合要求的艺术。"经由自然选择，幸存下来的生命形态之所以能够长久存续，是因为那种形态能够达到目的，但并不一定是最有效或最直接的方式。正因为有这样的复杂性和冗余性，对生物信号传递网络和信息流的分析才格外困难。很多时候，奥卡姆剃刀原理——寻找最简单且充分的理由去解释某种现象——在此根本不适用。当有些物理学家把研究重点转向生物学时，这会让他们备受困扰。吸引物理学家的往往是优雅、简洁的答案，但生物系统不太完美且杂乱的事实很可能让他们不快。

自然选择带来了很多错综复杂、烦琐冗余的问题，我实验室里的同人们常为此争论不休，因为那些纷杂的事实会掩盖生物过程运作中的重要原理。为了解决这个问题，我们对酵母细胞进行了基因改造，以便生成一个被大大简化的细胞周期控制回路。这就好比先剥除一辆汽车上所有非必需的部件，诸如车身、车灯和座椅，只留下发挥关键作用的必需部件：发动机、变速器和车轮。这招很管用，比我预期的还要好。被简化的细胞仍然可以执行控制细胞周期的主要步骤。将一整套复杂机制简化到最基本的元素，这更有助于我们分析信息流，从而获得对细胞周期控制系统的新认识。

这个实验需要择选出一些不可或缺的细胞周期控制元素，其中之一就是 *cdc2* 基因。酵母细胞在细胞周期中移动的时候，细胞本身也在稳定地生长，含有 Cdc2 和周期蛋白的 CDK 蛋白质复合体的数量也在增加。从信息的角度来看，一方面，细胞将现有的活性 CDK 复合物的数量视为输入信号，以获取关于细胞大小的信息；另一方面，细胞又将其作为关键的信号，来触发细胞周期里的重大事件。细胞周期早期所需的蛋白质在早期被 CDK 复合物磷酸化，触发 S 期的 DNA 复制过程；后期所需的蛋白质则在后期被磷酸化，触发细胞周期末期发生的有丝分裂和细胞分裂过程。与"后期的"蛋白质相比，"早期的"蛋白质对CDK酶活性的敏感度更高，所以，它们在细胞中CDK活性较低时，也会被磷酸化。

这个细胞周期控制的简化模型确定了CDK活性是重要的协调中心，处于细胞周期控制的核心地位。在这个结论浮出水面之前，蒙蔽我们视野的是细胞周期网络复杂的表象、不同部件的冗余功能，以及存在的那些不那么重要的控制机制，甚至还可能是人类的思维本来就倾向于拥抱复杂，而非乐于寻觅简单解答。

在本章的大部分篇幅里，我都把重点放在了细胞上，因为细胞是生命的基本单位，但将生命视为信息的意义却远远超越了细胞层面。探索各种方法去理解分子如何相互作用，酶如何活动，实体机制又是如何产生、传递、接收、储存和处理信息的，会让我们获得崭新的视角，从而很有可能在生物学的每个领域产生新的洞见。随着这一思路的逐渐普及，生物学将有可能迈出我们曾经耳熟能详的日常知识领域，进入更抽象的新世界。这一转变也许足以与物理学界曾发生的巨大转变相提并论——从牛顿的基本常识世界到爱因斯坦的相对论宇宙，再到20世纪上半叶海森堡和薛定谔揭示的量子的"怪异"表现。生物学的复杂性可能会导致非直觉的离奇解释，为此，生物学家们需要其他学科的科学家们的鼎力相助，比如数学家、计算机科学家和物理学家，甚至是哲学家，因为他们不太关注我们对世界的日常经验，而更擅长抽象思考。

以信息为中心的生命观还将帮助我们理解更高层次的生物组织。这种生命观可以阐明细胞如何相互作用以形成组织，组织又如何构成器官，以及器官是如何共同工作、形成一个全面运作的比如人类这样的生命体的。甚至当我们把视野放得更宽，在研究生物体如何相互作用——包括物种内部和物种之间的相互作用——以及生态系统和生物圈如何运作时，这种生命观也会对我们有所助益。事实上，信息管理发生在各个层面——从分子到整个地球的生物圈——并对生物学家理解生命的过程有重要意义。通常情况下，最好是在接近我们所研究的现象的层面上寻求解答。为了得到令人满意的结果，解答未必需要回到基因和蛋白质的分子层面。

不过，事情会有某些共性，我们可以举一反三，通过某一尺度上的信息管理方式轻松推想出更大或更小的系统是如何运作的。例如，控制新陈代谢的酶、调节基因或维持身体平衡的反馈模块，与生态学家使用的反馈模块在逻辑上很相似——他们借此能更好地预测，特定物种因气候变化或栖息地被破坏而灭绝或迁出其自古以来的生活区域时，自然环境将如何变化。

我对甲虫、蝴蝶以及所有昆虫都很感兴趣，但现在世界上很多地方被观测到的昆虫数量都在下降，多样性也在减少，这让我越来越忧心。尤其令人不安的是，我们不知道为什么会发生这种情况。是因为栖息地被破坏、气候变化、农业单一耕作、光污染、过度使用杀虫剂，还是其他原因？人们做出了各种解释，其中不乏一些人对自己的某种理论很有把握，但事实是我们真的不知道原因。如果我们要做一些事情来扭转昆虫数量下降的趋势，就要了解它们和它们身边的大世界的相互作用。以各种方式开展研究、合作，并从信息的角度思考这些问题的科学家们将为我们拓展思路。

不管我们关注哪个层面的生物组织，深入理解这一切的关键在于，是否了解这个组织内部是如何进行信息管理的。这是从描述复杂性到理解复杂性的过程。只要能做到这一点，我们就能慢慢明白飞舞的蝴蝶、消耗糖分的细菌、发育中的胚胎和所有生物体何以能完成意义重大的飞跃——把信息转化为有意义的认知，使它们实现生存、成长、繁殖和进化的目的。

化学和信息堪称生命的基础，随着对此的理解不断提升，我们不仅能更深切地理解生命，还能干预生物的运作。我们已迈上这五级台阶，但在用我们从中得到的真知灼见去定义生命是什么之前，我想先思考一下：我们该如何利用生物学知识改变世界？

改变世界

Changing the World

改变世界
Changing the World

2012 年，我原本计划去斯科特基地的南极研究站。我一直向往去广袤的南极冰原——真真正正的世界尽头——这次终于有了机会。但我必须在临行前做一次例行体检，结果却出人意料。有生以来，我不得不第一次直面自己的死亡。

我有严重的心脏病。获知这个令人不悦的消息后，不出几周，我就接受全身麻醉，躺在了手术室里。外科医生打开我的胸腔，找到了那些有毛病的血管，它们已无法为我的心肌提供足够的血液。然后，他从我的胸腔中取出四小段动脉，又从腿部取出一段静脉，再将它们移植到我的心脏，使血液能够绕过问题区域。几小时后，我醒来了，浑身伤痕累累，但心脏已被修复。

那次手术救了我的命。除了为我治疗的医务人员技术高超且富有同情心外，手术能圆满成功完全取决于我们对生命的理解。每一个步骤都基于我们对人体和器官组织、细胞和化学的认知。麻醉师很有把握他给我打的麻醉药会以可逆的方式使我的大脑失去知觉。一种特制的溶液被注入我的心脏，使它完全停止跳动几小时。溶液中含有钾，医生们确定其浓度足以改变我的心肌细胞的化学反应，让它们彻底放松。一台机器暂时替代了我的心脏和肺部，它能以正确的速度给我的血液供氧并输送血液。在手术期间和手术后，医生给我注射了抗生素，以防止细菌感染。如果人类没有积累这些有关生命的知识，今天的我就可能没有机会写下这些文字。

随着对生命的理解日益加深，我们已获得了巨大的新力量，可以操纵和改变生物。但我们必须正确地使用这种能力。生命系统是复杂的，所以，如果我们尚未对生命有足够的了解就贸然地干预生命，肯定会出问题——引发的问题可能比我们已解决的问题还要多。

纵观历史，大多数人不是老死的，而是死于传染病。细菌、病毒、真菌、蠕虫和其他一系列寄生虫和瘟疫夺走了无数人的生命，许多人尚在婴儿期就夭折了。14世纪席卷全球的黑死病夺走了将近半数欧洲人的生命。在大部分历史时期里，死亡始终是日常生活中的隐患。

当今世界已不再如此。只要有疫苗、卫生设施和抗菌药物，我们就有必要的工具来预防、治疗或控制很多曾经害死无数人的传染病。就连一度被一些人称为下一个大瘟疫的艾滋病毒，现在通过正确的护理，也可以被当作稳定的慢性病来治疗。想想过去的几千年里，医疗保健主要靠迷信、含糊的解释和一系列未经证实、有时甚至是危险的治疗方法，这种转变真的堪称奇迹。这一切都有赖于我们对生命的认识，它源自科学，然后被应用于全世界。

然而，就防治传染病这一古老祸害而言，我们仍有漫漫长路要走。我在 2020 年春天写下这些文字的时候，新冠病毒正在全世界范围内蔓延。就像这次的新冠肺炎一样，很多病毒感染都会让人丧失正常功能，甚而丧命。2014—2015 年，西非爆发了埃博拉疫情，虽然疫情之下，有效的疫苗以令人称奇的速度被研发了出来，但是，只有当这些疫苗能够及时触达那些需要疫苗的人时，这种干预措施才能对他们有所帮助。无论是富裕的国家还是贫穷的国家，至今仍有太多人无法得到完全有效的治疗。同样令人吃惊的是，一些发达国家的政治家竟然无视科学家和专家的建议，在应对此类流行病和瘟疫时欠缺有力的措施。这种忽视已然导致严重的后果。纠正这种偏颇当数人类的当务之急。

我们生活在有良好医疗服务的社会里实属幸运，应该珍惜我们从中得到的保护。文明社会的标志之一是医疗服务——比如我在英国国家医疗服务机构接受的心脏手术——在实施时是不收费的，不管病人有没有支付能力。治疗时就收费的医疗体系对最贫穷的人来说太苛刻了，基于风险的保险体系也是在惩罚那些最需要医疗服务的人。还有一些人在没有充分证据的情况下肆意评判疫苗的安全性和有效性。他们应该记住，拒绝经临床认证的有效疫苗，是一个道德问题。他们这样做不仅是在危害自己和家人的安全，也是在危害周围许多人的安全，因为那会破坏群体免疫，让传染病更容易传播。

然而，在与传染病的斗争中，我们永远不会大获全胜。这是因为自然选择的进化。由于大多数细菌和病毒可以快速繁殖，它们的基因也能快速适应。这意味着新的疾病菌株随时都会出现，它们不断进化出巧妙的方式来避开或欺骗我们的免疫系统和药物。这就是为什么耐药性增强会成为威胁。这是自然选择在发挥作用，而且这一切就在我们眼皮底下发生，后果也令人警醒。让细菌接触抗生素，但实际上抗生素并没有将它们完全杀死，这使得它们更有可能进化出对药物的耐药性。这就是为什么要服用正确剂量的抗生素——而且只在真正需要使用的情况下——并服完医生开给你的整个疗程的药物。如果不这样做，不仅会危及你的健康，也会殃及他人的健康。同样很危险，甚至更危险的是，给动物喂饲低剂量抗生素以使其快速成长的养殖系统。

现在出现了一种能够抵抗我们所能采用的一切干预措施的细菌菌株，它们正在引发我们无法治愈的疾病。这样的耐药细菌可能会使医学倒退，让数百万人的生命受到威胁。试想那样的世界吧：你或家人只是被玫瑰花刺划伤、被狗咬了一口，甚至只是去医院看个病，结果就被一种无药可医的传染病击倒了。但我们绝不能因为这种威胁而听天由命。发现问题极其重要，因为它是解决问题的第一步。我们可以且必须更谨慎地使用我们现有的抗菌药物；我们还可以设计出更好的方法来检测和追踪耐药性传染病；我们需要开发有效的新型抗菌药物，并确保相关研究人员得到充分的扶持。我们必须动用关于生命的一切知识来解决这个问题——这可能决定了我们的未来。

随着医疗水平的提高，传染病的威胁被逐渐削弱，人类的平均寿命已稳步上升。但是，人们的寿命延长了，就不得不面对一系列让人痛苦的非传染性疾病，包括心脏病、糖尿病、一系列心理疾病和癌症。其根本原因是老龄化和亚健康的生活方式。在全球范围内，这些疾病都呈上升趋势，给患者和想要了解、治疗它们的科学家们都带来了巨大的挑战。

就说癌症吧——癌症其实不是一种疾病，而是多种疾病。每一种癌症都不一样，而且，每一种病症都会随着时间推移而改变，所以，晚期癌症往往像一个自在自治的生态系统，包含许多不同类型的癌细胞，每一种都含有不同的基因突变。再次重申，这就是自然选择的进化的结果。当细胞出现新的基因变化和突变，导致它们开始以不受控制的方式分裂和生长时，癌症就产生了。癌细胞之所以能旺盛滋长，是因为它们具有选择性的优势：它们可以垄断身体的资源，比周围未突变的细胞生长得更快，并且无视身体的"叫停"信号。

最有希望的一些癌症治疗新方法都得益于我们对生命的进一步理解。比如，癌症免疫疗法试图让人体免疫系统可以识别和攻击癌细胞。这个办法很聪明，因为免疫系统可以针对癌细胞发起精确的攻击，而不会伤及附近的健康细胞。我和同事们在低等酵母菌的细胞周期方面所做的工作也引生出了一些新的治疗方法。有一种药物能与 CDK 细胞周期控制蛋白的人类版本结合，并令其失去活力，现已被用于治疗许多患有乳腺癌的女性。40 年前，我根本想不到研究酵母细胞竟会最终直接影响癌症治疗的新方法。因为癌症是细胞的适应和进化能力的必然结果，我们永远无法彻底消除它。但随着对生命的理解日益深入，我们也将越来越能及早发现癌症，且更有效地治疗癌症。总有一天，癌症不会再像现在这样引发人们的恐慌，对此我很有信心。

要想加速解决癌症和其他非感染性疾病，解码我们基因中的信息能提供重要的新方法。2003年，人类基因组的第一份DNA序列草案面世，这预示着通往预防医学崭新未来的大门已被打开。许多参与其中的人都期待着未来的世界——在那个世界里，任何人的遗传风险因素都可以在出生的那一刻被准确地计算出来，包括预测这些风险将如何随着生活方式和饮食的变化而变化。不过，无论从科学还是伦理层面上说，实现这一目标都是极具挑战性的。

究其缘由，部分是因为生命的复杂性深不可测。孟德尔在他的花园里研究的豌豆苗能表现出非此即彼的鲜明特征，但这样的人类特征少之又少。有一些疾病也是以类似方式发生的，即由单个基因的缺陷导致，其中包括亨廷顿病、囊性纤维化和血友病。整体而言，这些疾病带来了大量的痛苦和折磨，但每种疾病影响的人数相对较少。相比之下，包括心脏病、癌症和阿尔茨海默病在内的多数常见疾病和失调是由更多因素诱发的，是许多个基因以复杂和难以预测的方式相互作用，并与我们生活的环境相互影响所带来的综合效应导致的。先天的本性和后天的养育纠缠在一起，交织出了错综复杂的因果链，我们已着手解开这个难解的谜团，但所有的进展都来之不易，也都是急不来的。

在这个领域，将生命理解为信息已成为显学。研究人员正在积累极其庞大的数据——其中包含了从多达数百万人生活中收集的基因序列、生活方式信息和医疗记录。但是，厘清如此庞大的数据库是极其困难的。基因和环境之间的相互作用是如此复杂，以至于研究人员们正在尽力拓展现有技术的极限，包括尝试机器学习等新方法。

不过，不少有用的认知正在浮出水面。比方说，我们现在可以利用基因图谱来判断什么人患心脏病或肥胖症的风险较高。我们可以以此为依据，针对不同个体的生活方式和药物治疗提出定制化的建议。这是有益的进步，但随着对基因组进行准确预测的能力越来越强，我们必须认真思考如何才能最好地利用这些知识。

对健康不佳的状况进行准确的基因预测，会给由个人健康保险提供资金的医疗系统带来特殊的困难。如果不严格控制基因信息的使用，人们可能会发现自己被认定为不可投保，甚而被拒绝治疗，或被收取无力承受的高额保险费，但这并非因为他们自身有错。而在提供"医治时免费、医治后付费"的医疗系统中就不存在这样的问题，因为他们反而能够利用基因预测在判断易染病方面的进步，更容易地对疾病加以预测、诊断和治疗。话虽这么说，这样的知识终究是不易被接受的。假设基因科学发展到能够合理且准确地预测你最有可能在何时，以及如何死亡的地步，你会想知道吗？

还有一点要注意的是，解读那些影响非医疗因素——诸如智力水平和教育程度——的遗传因素。随着对个人、性别和人群之间的遗传差异的了解加深，我们必须确保这些知识绝不会被用作歧视的依据。

与读取基因组的能力同步发展的是编辑和重写基因组的能力。有一种被叫作CRISPR-Cas9的酶，堪称功能强大的工具，其作用就像一把分子剪刀。科学家可以用它在DNA上进行非常精确的切割，以增加、删除或改变基因序列。这就是所谓的基因编辑，或基因组编辑。自1980年前后以来，生物学家们已能够在简单的生物体——比如酵母中——实施这种编辑，这也是我研究裂殖酵母的原因之一，但CRISPR-Cas9可以极大地提高编辑DNA序列的速度、准确性和效率。因为有它，编辑更多物种的基因变得更容易了，其中也包括人类的基因。

假以时日，我们可以期待基于经过基因编辑的细胞的新疗法。研究人员已经在制造对特定感染（如HIV）有抵抗力的细胞，或者用经过基因编辑的细胞来攻击癌症。但就目前而言，试图编辑早期人类胚胎的 DNA 是极其鲁莽的做法，这将导致新生儿的所有细胞，以及他们未来可能生育的孩子的细胞发生基因变化。目前，基因疗法可能会意外改变基因组中的其他基因。然而，即使只是编辑所需的基因，基因的改变也可能会造成难以预料的、有潜在危险的副作用。我们对人类基因组的了解还不够充分，因而无法确定。也许会有那么一天，基因改写被认为是十足安全的，且能让无数家庭摆脱亨廷顿病或囊性纤维化之类的遗传病。但将其更多用于修饰目的——比如创造具有更强的智力、惊人的美貌或非凡的运动能力的婴儿——则完全是另一码事。这个领域涵盖了当今最棘手的伦理问题之一，即生物学在人类生活中的应用。虽然目前关于通过基因编辑设计婴儿的言论热火朝天，但随着科学家们在预测遗传影响、修改基因和操纵人类胚胎和细胞方面发展出更强大的能力，许多未来的父母将在未来几年或几十年里不得不考虑一些艰难的问题。这些问题需要全社会共同讨论，而且现在就该讨论起来。

在生命的另一端，细胞生物学的进步和发展提供了治疗退行性疾病的方法。比如干细胞：人体使其维持在未成熟状态，就像早期胚胎中的细胞。干细胞最重要的特性是能反复分裂，产生新细胞，再经分化拥有特定属性。成长中的胎儿和婴儿体内含有大量干细胞，因为他们需要源源不断的新细胞。但干细胞在成人身体停止生长后，也会长期存在于身体的许多部位。在你的身体里，每天都有数百万个细胞死亡或脱落。这就是你的皮肤、肌肉、肠道内壁、眼睛角膜边缘和其他身体组织都含有干细胞群的原因。

近年来，科学家们已经研究出如何分离和培养干细胞，并促使它们发育成特定的细胞类型，比如神经、肝脏或肌肉细胞。现在，我们也可以从病人的皮肤中提取出完全成熟的细胞，对其进行处理，倒转发育时钟，让它们回到干细胞状态。这会带来一个令人激动的前景：有朝一日，只要用拭子在你的口腔侧壁刮一下，就能让那些细胞生成你身体中几乎任何部位的细胞。如果科学家和医生能完全掌握这些技术，并确保安全，就有可能革新退行性疾病和损伤的治疗方法，也能彻底改变移植手术。甚至有可能逆转目前无法治愈的神经系统和肌肉疾病，比如帕金森病或肌肉萎缩。

这一进展是激发人们展开大胆预测的部分原因所在，其中许多预测来自硅谷的一些公司。他们认为在不久后的将来，我们就有可能遏制，乃至逆转衰老。而重要的是，让这些说法确凿地基于现实与实践。就我个人而言，大限将至时，我不会因为期待未来不太可能出现的情况——我可能会被唤醒，重获青春并永生——而选择低温保存我的大脑或身体。衰老是身体细胞和器官系统受损、死亡并遵循预定程序永久关闭的最终产物。哪怕有些人身体健康，皮肤也会失去弹性，肌肉不再结实，免疫系统的反应能力下降，心脏的力量慢慢衰竭。归根结底，这一切的原因不一而足，因此不太可能有一劳永逸、直截了当的解决办法。但我毫不怀疑，在未来的几十年里，人们的预期寿命将会不断提高，更重要的是，老年生活质量将得到改善。我们不会长生不老，但都能受益于更加完善的治疗方法——干细胞、新型药物、基因疗法以及健康的生活方式相结合——使衰老和患病的身体的诸多部分重获生机。

应用生物学知识不仅彻底改变了我们修补破损身体的本领，更能让人类整体欣欣向荣。从公元前 10000 年前后开始，我们的祖先开始耕种，世界人口总数有了第一次激增。人类祖先当时没有意识到，人口激增是他们运用人工选择的原则来驯化动物和植物而实现的。他们得到的回报是拥有了更大量、更可靠的食物来源。

与史前人口激增相比，我这一生中目睹的世界人口增长甚至更为显著：自我 1949 年出生以来，世界人口几乎增加了两倍。换言之，每天必须多喂将近 50 亿张嘴，而产出所有这些额外食物的农业用地的面积和过去大致相同。这种变化的实现得益于 20 世纪 50、60 年代兴起的"绿色革命"。这一革命涉及灌溉、化肥、病虫害防治的发展，最重要的是，人类创造了新的主食作物品种。与历史上的所有育种家不同，参与绿色革命的科学家们能够利用在遗传学、生物化学、植物学和进化论方面所获得的各种知识来生产新的植物品种。这带来了惊人的成功，新的农作物产生了，且产量有了显著提高。然而，这并非没有任何代价。当今，一些集约化农业的耕作方式对土地、农民的生计以及与粮食作物共享环境的其他物种都有破坏性的影响。每天浪费的粮食数量也多到令人羞耻，成为亟待解决的问题。但是，如果 20 世纪的生物知识不曾被大量应用在农业实践上，现在每年还会有数百万人挨饿。

今天，全球人口仍在持续增长，随之而来的是人们越来越关注人类活动对生物世界造成的破坏。展望未来，我们面临着严峻的多重挑战：既要设法从土地里收获更多粮食，又要努力减少对环境的影响。我想我们需要更进一步，超越 20 世纪推动农业复兴的老路子，设计出更高效、更有创意的粮食生产方式。

可惜，自 20 世纪 90 年代以来，试图创造具有增强特性的转基因植物和动物的努力常常受阻。而这往往与科学证据和认知没什么关系。我见过一些有关转基因食品安全性的辩论，它们常常充斥着误解、不合时宜的游说、强行而刻意的误导。就说黄金大米吧，这种米经过基因工程改造，在水稻植物的染色体中添加了一个细菌基因，使其产生大量的维生素 A。据估计，全世界有 2.5 亿名学龄前儿童缺乏维生素 A，而这恰恰是导致失明和死亡的重要原因。黄金大米的出现可能不失为一种直接的帮助，可它却一再受到环保主义者和非政府组织的攻击，他们甚至破坏了专门为测试黄金大米的安全性及其对环境的影响而设立的田间试验。

明明有了新发明，可以帮助穷人们得到健康和安全的食品，却偏偏不让他们得到，这真的能让人接受吗？尤其是当这种否定是基于潮流和片面的观点，而非合理的科学时。使用基因改造这一方法生产的食品并无本质上的危害或毒性。真正要紧的是，无论它们是如何被生产出来的，所有植物和牲畜都该接受类似的测试，以确定它们是否安全、有效，并预测它们对环境和经济是否有影响。我们需要考虑的是有关风险和收益的科学观点，而不该让任何公司的商业利益、非政府组织的意识形态观点，或这两类机构在经济上的考量左右我们的判断。

我认为，在即将到来的几十年里，我们将不得不运用更多的基因工程技术。在这个领域里，"合成生物学"这一相对较新的科学分支可能会产生很大的影响。传统的基因工程倾向于使用相对而言更有针对性、更趋于渐进式的方法，但合成生物学家试图更进一步，对生物体的基因编程进行更前卫的革新。

这会带来实打实的技术难题，如何控制和接纳这些新物种也是个问题，但潜在的回报可能是丰厚的。这是因为生物体的化学过程远比人们在实验室或工厂中能够操作的大多数化学过程更具适应性、效率更高。有了转基因和合成生物学，我们可以用强大的新方法重新组织和利用生物体的化学才华。我们或许能利用合成生物学创造出营养更高的农作物和牲畜，但其应用范围比这更广。我们可以创造出经过重新设计的植物、动物和微生物，生产出全新的药品、燃料、织物和建筑材料。

经过基因编辑的新型生物系统甚至可能帮助我们应对气候变化。科学界已达成明确的共识：整个地球已进入加速变暖的阶段。这对我们的未来，以及更广大的生物圈——我们只是其中的一部分——都是一个严重的威胁。日益紧迫的一大挑战是减少我们排放的温室气体总量，降低变暖的程度。如果我们能够重新设计植物，让它们比现在更有效地进行光合作用，或者超出活细胞的限制，进行工业规模的光合作用，就有可能制造出碳中和的生物燃料和工业原料。科学家们还能研发出可以在边缘环境中茁壮成长的植物新品种，例如在退化的土壤上或容易干旱的地区，以前，那些地方都无法发展种植业。这些新植物不仅可以作为世人的口粮，还能吸收和储存二氧化碳，帮助我们应对气候变化。它们还可以成为以可持续方式运作的生物工厂的基础。与其依赖化石燃料，不如试着打造能够更有效地利用废物、副产品和阳光的生物系统。

除了这些经由基因编辑设计过的生命形态，还有一个目标需要同步达成，即增加地球表面能自然发生光合作用的生物的覆盖面积。这个提议看起来简单明了，实则不然。要产生真正有意义的影响，就需要大规模的切实行动，还要考虑植物死亡或收割后的长久时间里的碳储存问题。这可能涉及培育更多森林，在海洋中培育藻类和海草，以及促进形成泥炭沼泽。但是，不论什么样的干预措施，但凡想取得足够有效和迅速的成果，我们都不得不尽力而为，把我们对生态动力学的理解推进到极限。正在世界各地发生的、基本上无法解释的昆虫数量下降就是一个典型的例子。我们的未来与昆虫这一物种息息相关，因为它们为我们的许多粮食作物授粉，还有构建土壤等其他贡献。

这些应用的进展都需要我们更好地理解生命及其运作方式。所有领域的生物学家们——分子和细胞生物学家、遗传学家、植物学家、动物学家、生态学家等——都该精诚合作，协力确保人类文明与生物圈的其他部分共同繁荣，而不是以牺牲其他部分为代价。要想取得任何成功，我们都必须正视自己的无知。尽管我们在理解生命运作的方面取得了很大进步，但目前的理解仍是不全面的，有时甚至是非常片面的。如果我们想建设性地并且安全地干预生命系统，以实现一些更宏伟的、切实的目标，我们仍有许多东西要学习。

开发新应用，和努力深入了解生命的运作方式，这两件事应该齐头并进。正如诺贝尔奖得主、化学家乔治·波特（George Porter）[1]曾说过的："为了养活应用科学就饿死基础科学，就好比在建筑物的地基上节省开支，以便把楼造得更高。整栋楼倒塌只是迟早的事。"但出于同样的原因，纵容自己的科学家们也没有认识到，有用的应用应该在任何可能发展的领域产生。只要我们发现有机会将知识用于共同利益，就必须付诸行动。

---

1. 乔治·波特（1920—2002），英国化学家，因发明测定快速化学反应的技术，于 1967 年获得诺贝尔化学奖。

不过，这又带来了新的问题和进一步的质疑。我们该如何界定"共同利益"的含义，并达成一致？如果治疗癌症的新方法非常昂贵，那么，谁该得到治疗，谁不应该？在没有充分证据的情况下呼吁大家拒绝接种疫苗，或者滥用抗生素，是否该算刑事犯罪？如果某些人因受基因的强烈影响而做出犯罪行为，惩罚这个人是否正确？如果编辑生殖系统基因就可以让后代摆脱亨廷顿病，他们是否应该不加犹豫地使用基因改造工程？克隆一个成年人是可以被接受的做法吗？如果应对气候变化意味着要在海洋中散播数十亿株基因改造过的藻类，是否应该这样做？

随着对生命的理解不断深入，我们也不得不面对那些日益紧迫但往往很私人的问题，以上这些问号只是冰山一角。找到大家都能接受的答案的唯一途径就是持续而诚实的公开辩论。在这样的讨论中，科学家们承担着特殊的角色，因为他们必须清楚地解释每一种进展的好处、风险和危害。但在讨论中发挥主导作用的必须是整个社会。政治领导人必须参与，完全投入对这些问题的讨论中。而当今的政治领导人中，很少有人充分注意到科学和技术对我们的生活和经济产生的巨大影响。

但是，政治应该出现在科学之后，而不是科学之前。这个世界已经目睹过太多次悲剧，政治先于科学就会出现可怕的错误。冷战期间，苏联能够制造出核弹，并将第一个人类送入太空。但在遗传学和作物改良方面的工作却遭到严重破坏，因为出于意识形态的原因，斯大林支持李森科（Lysenko），而后者是个拒绝接受孟德尔遗传学说的冒牌货。结果就是苏联人民忍饥挨饿。最近，我们眼看着否认气候变化的人拖了后腿，他们无视科学，甚至蓄意破坏，导致挽回气候变化的行动被延怠了。关于共同利益的讨论需要由知识、证据和理性思维来推动，而非意识形态、不确凿的盲信、贪婪或走极端的政治。

但请你不要误解我的意思，科学本身的价值是不存在争议的。世界需要科学及其带来的进步。作为有自我意识、富有创造力和好奇心的人类，我们有独一无二的机会，可以利用我们对生命的理解去改变世界。我们应该尽一己之所能让生活变得更美好。这不仅是为了我们的家人和邻里，也是为了子孙后代，为了我们也身在其中、不可分割的整个生态系统。我们周围的生物世界不仅为人类提供了无穷无尽的奇迹，也维持着我们的生存。

生命是什么？

What is Life

这是个大问题。我在学校得到的答案是生物必考题 MRS GREN[1] 清单之类的东西——生物体会表现出如下特征：运动（movement）、呼吸（respiration）、应激反应（sensitivity）、生长（growth）、繁殖（reproduction）、排泄（excretion）和吸收营养（nutrition）。这番简洁明了的总结确实概括了生物体的行为表现，但对于"生命是什么"，却算不上令人满意的解释。我想换一种思路。根据我们已经逐步理解的五个生物学的重要概念，我将总结出一套可以用来定义生命的基本原则。这些原则将让我们更深入地了解生命是如何运作、如何开始的，以及将我们星球上的所有生命联系在一起的关系的本质。

当然，很多人都试图回答这个问题。薛定谔在 1944 年

---

1. IGCSE（国际普通中等教育证书）生物考试的重要题型，MRS GREN（戏称"格伦太太"）是以下提到的生物七大特征的首字母缩写。

出版的极富先见之明的著作《生命是什么》中，阐述了他对遗传和信息的看法。他提出了"生命密码"的构想，现在，我们都知道那就是写在 DNA 中的信息。但在书的结尾，他暗示了一种近似活力论的结论：要真正解释生命是如何运作的，我们可能需要一种全新的、尚未被发现的物理法则。

几年后，激进的英裔印度籍生物学家 J.B.S. 哈尔丹也写了一本题为《生命是什么》的书，并在书中宣称："我不会回答这个问题。事实上，我很怀疑这个问题会不会有完整的答案。"他把活着的感觉与我们对颜色、痛苦或努力的感知相比较，以示"我们无法用别的说法来描述它们"。我对哈尔丹的说法深有共鸣，但这也让我想起了美国最高法院法官波特在 1964 年定义色情时所说的话："我看到就知道了。"

诺贝尔奖获得者、遗传学家赫尔曼·马勒（Hermann Muller）[1] 就没这么犹豫了。他在 1966 年用简单的一句话将生物单纯定义为"具有进化能力的东西"。马勒正确地指出了思考"生命是什么"的关键，就在于确立达尔文的通过

---

1. 赫尔曼·马勒（1890—1967），美国遗传学家，因发现 X 射线能诱发基因突变而获得 1946 年诺贝尔生理学或医学奖。

自然选择进化的伟大思想。进化论是一套机制——事实上也是我们所知的唯一机制——能在不借助超自然的造物主的情况下，产生出多样的、有组织、有目的性的活的实体。

拥有通过自然选择进化的能力，这是我用来定义生命的第一个原则。正如我在自然选择那一章中所说的，它取决于三个基本特征。为了进化，生物体必须能够繁殖，必须有一套遗传系统，并且，遗传系统必须表现出变异性。任何具有这些特征的实体都可以且必将进化。

我的第二个原则是，生命形态是有边界的有形实体。它们与身外的环境分离，但又有互动沟通。这个原则来自细胞的概念，细胞是能清楚体现生命所有标志性特征的最简单的实体。这个原则强调了生命的实体性，将计算机程序和文化实体排除在了生命形式之外，哪怕它们似乎也可以进化。

我的第三个原则是，生命体是化学、物理和信息机器。它们构建自身的新陈代谢，并以此维持自身的存续、成长和繁殖。这些生命体通过管理信息来自我协调和调控，以让生命体作为有目的性的整体来运作。

这三个原则共同定义了生命。任何按照这三个原则运作的实体都可以被认为是有生命的。

要想充分了解生命体的运作方式，就要更详尽地阐述构成生命基础的非凡的化学形式。这一化学的一个主要特征是，它是围绕着主要由碳原子连接而成的大聚合物分子构建的。DNA 就是其中一种，它的核心目的是作为一个高度可靠的、长期存储信息的载体。为此，DNA 螺旋结构将含有信息的核心元素——核苷酸碱基——置于螺旋体的核心位置，让它们处于稳定且良好的保护之下。正因为有这样稳妥的保护，研究古代生物 DNA 的科学家们才能从生于远古、死于远古的生物体中获取 DNA 并对其进行测序，其中包括一匹在永冻层中冰冻了近百万年的马！

但是，储存在基因 DNA 序列中的信息不能一直处于隐藏状态而不发挥作用。信息必须转化为行动，以生成支撑生命的新陈代谢活动和实体结构。储存在化学性质稳定但相当无趣的 DNA 中的信息必须转化为有化学活性的分子：蛋白质。

蛋白质也是碳基聚合物，但与 DNA 不同的是，蛋白质上大部分化学性质可变的部分位于聚合物分子的外部。这就是说，它们会影响蛋白质的三维形态，也会影响它们与外部世界的相互作用。最终，这使它们能够发挥诸多功能，构建、维持和再造化学机器。与 DNA 不同的是，如果蛋白质受损或被破坏，细胞可以轻而易举地构建一个新的蛋白质分子来替代它们。

我想不出比这更优雅的解决方案了：这些线性碳基聚合物的多种布局既能生成化学性质稳定的信息储存装置，又能产生高度多样化的化学活动。我发现，生命的化学的这一面既极其简单，又卓越非凡。生命体将复杂的高分子化学与线性信息存储相结合的方式实在令人叹服，我推测，这个原理不仅是地球生命体的核心，也很可能是宇宙中任何地方的生命的核心构造。

尽管我们和所有已知的生命形式都依赖于碳基聚合物，但我们对生命的思考不应该受制于地球上的生物化学经验。我们可以天马行空地去想象，宇宙中其他地方的生命以别的方式运用碳，甚或压根就不是构建于碳基之上的生命体。比如说，英国化学家和分子生物学家格雷厄姆·凯恩斯－史密斯（Graham Cairns-Smith）[1]就曾在20世纪60年代构想了一种原始的生命形式，它会基于结晶状黏土颗粒进行自我复制。

凯恩斯－史密斯想象中的黏土颗粒是以硅为基础的，科幻小说作家都很热衷于幻想硅基外星生物。和碳原子一

---

1. 格雷厄姆·凯恩斯－史密斯（1931—2016），英国分子生物学家、有机化学家，此观点出自他于1985年出版的《生命起源的七条线索》一书。

样，硅原子最多可以组成四个化学键，我们已经知道它们可以形成聚合物：硅酮密封胶、黏合剂、润滑剂和厨具的主要成分都是硅。原则上，硅基聚合物可以很大，而且多样，足以包含生物信息。然而，尽管硅在地球上的含量远远高于碳，地球上的生命却是基于碳的。这或许是因为在地球表面的现成条件下，硅不像碳那么容易与其他原子形成化学键，因而不能为生命制造出足够的化学多样性。不过，如果在假想地外生命时彻底排除硅基生命，或完全基于其他化学成分的生命，觉得它们不可能在宇宙中其他地方的不同条件下茁壮生长成生命体，就太愚蠢了。

思考生命是什么时，人们很容易在生命和非生命之间划出一条鲜明的分界线。细胞显然是有生命的，所有由细胞集合而成的生物体也是有生命的。但也有居于两者之间、类似生命的形态。

病毒是个很好的例子。它们是有基因组的化学实体，有的基于 DNA，有的基于 RNA，包含了制造包裹每个病毒的蛋白质外衣所需的基因。病毒可以通过自然选择进化，这一点符合马勒的定义，但别的方面就不那么清晰了。尤其是从严格意义上说，病毒不能自我繁殖。相反，它们繁殖的唯一途径是感染生物体的细胞，劫持被感染细胞的新陈代谢。

所以，当你感冒时，病毒会进入你的鼻腔细胞，利用它们的酶和原料来反复多次地繁殖病毒。随着病毒大量滋生，鼻子里受感染的细胞破裂并释放出了成千上万的感冒病毒。这些新的病毒会感染附近的细胞，并进入你的血液，继而感染其他地方的细胞。这是一种非常有效的策略，可以让病毒持续存在，但这也意味着病毒不能脱离其宿主的细胞环境单独运作。换句话说，它完全依赖于另一个生命体。你差不多可以这样说：在宿主细胞中具有化学活性和繁殖能力时，病毒是活着的，但当它在细胞外作为化学惰性病毒存在时，它又不算是活着的，病毒就在这两种状态间不断切换。

有些生物学家就此得出结论，病毒的存续严格依赖于另一个生命体，这就意味着病毒不是真正的生命体。但我们还要记住很重要的一点：几乎所有生命形态，包括我们人类，也都依赖于其他生命体。

你很熟悉的身体，其实是一个由人类细胞和非人类细胞的混合物组成的生态系统。我们自身有 30 万亿左右的细胞，但生活在我们身上和我们体内的细菌、古细菌、真菌和单细胞真核生物等不同群落的细胞总量远远超过这个数字。许多人还携带着比它们更大的动物，包括各种肠道蠕虫，生活在我们皮肤上并在我们的毛囊中产卵的八条腿的小螨虫。在这些与我们亲密无间的非人类同伴中，有很多都严重依赖我们的细胞和身体，但我们也依赖其中的一些。比如，内脏中的细菌会产生某些我们自身的细胞无法制造的氨基酸或维生素。

我们也不应该忘记，我们吃的每一口食物都是由其他生物体制造的。甚至有许多微生物，比如我研究的酵母菌，也完全依赖于通常由其他生物体制造的分子。比如那些包含葡萄糖和氨的分子，这些成分是制造含碳和氮的大分子所必需的。

植物似乎更加独立。它们可以吸收空气中的二氧化碳、地里的水，并利用太阳能来合成它们需要的许多更加复杂的分子，包括碳基聚合物。但即便是植物，也要依赖在根部或根部附近发现的细菌，从空气中捕捉氮。没有那些细菌，植物就不能制造构成生命的大分子。事实上，据我们目前所知，没有任何一种真核生物能够独自办成这件事。这就意味着，没有任何一种已知的动物、植物或真菌物种能够完全从零开始、赤手空拳地完成产生自身细胞的化学过程。

因此，要说真正独立的生命体——堪称完全独立，能无牵无绊地自由生活的——恐怕就是那些乍一眼看起来相当原始的生命形式了。其中包括微型蓝藻，通常被称为蓝绿藻，它们既能进行光合作用，又能自己捕获氮；还有古细菌，它们能从海底火山的热液喷口获取所需的能量和化学原料。这太令人震惊了：这些相对简单的生物不仅比人类生存的时间长得多，还比我们更加自立。

不同生命形式间的深度相互依存也反映在我们细胞的基本构成中。产生我们身体所需能量的线粒体原本是完全独立的细菌，它们掌握了制造 ATP 的能力。但在 15 亿年前，命运发生了一些意外的转折，有些线粒体细菌住进了另一种类型的细胞内。随着时间的推移，宿主细胞变得极其依赖这位入驻的细菌客人所制造的 ATP，以至于让线粒体成了永久住客，成为细胞内的固定装置。这种互利关系得以巩固，很可能标志着整个真核生物系的开始。有了可靠的能量供应来源，真核生物的细胞就拥有了变得更大、更复杂的能力。反过来，这又促成了动物、植物和真菌演化出今天这般繁茂的多样性。

这一切都表明，生物体有一个分级的渐变光谱，从完全依赖他者的病毒，到更为自给自足的蓝藻、古细菌和其他众多植物。我坚持认为这些不同的形态都是有生命的，因为它们都是自我导向的有形实体，可以通过自然选择来进化，虽然它们也在不同程度上依赖于其他生物体。

从这种更广泛的生命观出发，我们看待生命世界的眼光也会变得更丰富。地球上的生命都从属于一个单一的、巨大的、相互关联的生态系统，其中包含了所有生物。这种基本的关联不仅来自生命体之间相互依存的深刻关系，还源于一个事实：追根溯源，所有生命体都有一些共同的进化根源，因而在基因层面相互关联。长久以来，生态学家一直很赞成这种深层关联、相互关联的生命观。这个观点最早源于19世纪初的探险家、自然学家亚历山大·冯·洪堡的思想，他认为所有生命都被一个互相连接的网络关联在一起。这种相互关联性是生命的核心，虽然这么说可能让人意外，但应该能让我们有充分的理由停下来，更深入地思考人类活动对生态世界里的其他生命体造成了怎样重大的影响。

生命之树分杈繁密，生活在不同分支上的生物体的种类之多，令人震惊。但是，即便是这样丰富的多样性，在更重大、更基本的相似性面前也会逊色几分。作为化学、物理和信息机器，所有生物体运作的基本细节是相同的。比如，生物体都用相同的小分子 ATP 作为能量货币；都依赖 DNA、RNA 和蛋白质之间的基本关系；都使用核糖体来制造蛋白质。弗朗西斯·克里克认为，从 DNA 到 RNA 再到蛋白质的信息流是最根本的生命特性，所以，他把这种关系称作分子生物学的"中心法则"。后来，有人指出了一些法则外的小特例，但克里克的核心观点依然屹立不倒。

所有生命的化学基础中的这些深刻共性，指向了一个令人瞩目的结论：如今地球上的生命只发生了一次。如果不同的生命形态各自独立地出现了好几次，并存活下来，那么，它们的后代能以如此相似的方式进行基本运作的可能性微乎其微。

如果所有的生命都栖居于同一棵巨大的生命之树，那么，这棵大树是从什么样的种子生长出来的呢？不知何故，在很久很久以前的某个地方，无生命的化学物质从无序状态排列成有序组织，以使它们延续，自我复制，并最终获得最重要的通过自然选择进化的能力。但这个故事，也就是我们人类的故事，到底是怎么开始的呢？

地球形成于 45 亿多年前，太阳系诞生之初。在最初的 5 亿年左右，地球表面特别热，极不稳定，不具备让我们所知的生命出现的条件。目前发现的最古老的生物化石可以确定是存活于 35 亿年前。这就意味着，生命的出现是在那几亿年中发生的。这个时间段非常漫长，并不是我们的大脑能轻易想象和理解的，但相对于地球上生命的历史总长，几亿年只是一小段时间。在弗朗西斯·克里克看来，在现有的时间总长内，生命似乎根本不可能在地球上从无到有。所以，他提出生命肯定是在宇宙的其他地方出现的，被以部分或以完整的形态送到了地球。但这更像是逃避，而非回答生命如何从微不足道的起点开始出现这一关键问题。今天，我们可以对这个故事做出一番能让人信服的描述，哪怕目前还无法全部得到证实。

最古老的化石看起来和今天的一些细菌非常相似。这说明当时的生命形态可能已经相当完备，有被细胞膜包裹的细胞，有基于 DNA 的遗传系统，有基于蛋白质的新陈代谢。

但最先出现的是什么呢？以 DNA 为基础的基因复制？以蛋白质为基础的新陈代谢？还是将细胞封闭起来的细胞膜？在今天的生物体中，这些小系统形成了一个相互依存的大系统，并且必须作为一个整体才能正常工作。储存在 DNA 中的基因只有在蛋白质酶的协助下才能自我复制。但是，蛋白质酶必须根据 DNA 中的信息指令来构建。怎么能撇开一个去谈另一个呢？还有一个事实是：基因和新陈代谢都依赖于细胞外膜把必要的化学物质聚集在细胞内，捕捉能量，并保护它们不受外界环境影响。但我们知道，今天的活细胞都是用基因和酶来构建它们复杂的膜的。基因、蛋白质和细胞膜组成关键的三位一体，所以很难想象其中的任何一个怎么单独出现。只要你拿走一个元素，整个系统就会迅速崩溃。

在这三者中，解释细胞膜的形成可能是最容易的。我们知道，构成细胞膜的那种脂质分子可以通过自发的化学反应来形成，这些反应涉及的物质和条件在年轻的地球上应该已经存在。当科学家们将这些脂质放入水中后，它们会有一些让人意想不到的表现：它们会自发地组合成由膜封闭的中空球体，球体的大小和形状与一些细菌细胞差不多。

膜封闭实体可以自发形成，如果这套机制足以采信，那么，就剩下 DNA 基因和蛋白质谁先来的问题了。针对这个特殊的"先有鸡还是先有蛋"的问题，科学家们找到的最佳答案是：没有先后！反倒是 DNA 的化学表亲 RNA 可能最先出现。

和 DNA 一样，RNA 分子也可以储存信息。它们也可以被复制，复制过程中的错误也会导致变异。这意味着 RNA 可以作为一种能进化的遗传性分子运作。直到今天，基于 RNA 的病毒仍然如此行事。RNA 分子的另一个关键特性是它们可以折叠，形成更复杂的三维结构，可以作为酶发挥作用。基于 RNA 的酶完全没有蛋白质酶那么复杂，也没那么多功能，但它们可以催化某些化学反应。比如，对如今的核糖体的功能至关重要的几种酶就是由 RNA 制成的。如果将 RNA 的这两种特性结合起来，也许能够产生既能作为基因又能作为酶的 RNA 分子：把遗传系统和简单的新陈代谢打包在一个袋子里。这就等同于有了一个能够自我维持、以 RNA 为基础的生命体。

一些研究人员认为，这些 RNA 生命体最早可能形成于深海热液喷口周围的岩石中。岩石中的微小孔隙可能提供了一个保护它们的环境，与此同时，从地壳中沸腾而出的火山活动提供了稳定的能量和化学原料。这种情况下，制造 RNA 聚合物所需的核苷酸有可能通过更简单的分子组装，完成从无到有的过程。起初，嵌在岩石中的金属原子可能起到了化学催化剂的作用，使化学反应无须生物酶的帮助就能进行。最终，经过几千年的试错和试对，这一过程可能最终催生出了由 RNA 构成的机体，这些机体是有生命的，能自我维持和自我复制，并且，在未来的某个时候，它们可能会被纳入膜封闭实体中。那应当算是生命出现的漫长道路中的第一个里程碑事件：第一批真正的细胞出现了。

我给你们描述的这番演变看似真实可信，但请记住，这也是高度猜测性的结论。第一批生命形态没有留下任何痕迹，所以我们很难得知生命之初发生了什么，甚至很难确定 35 亿多年前的地球本身到底处于什么状态。

不过，一旦第一批细胞成功形成，接下来的事情就比较容易推想了。首先，单细胞微生物会在世界范围内蔓延，逐步在海洋、陆地和空气中扎根。然后，20 多亿年过去了，体形更大、结构更复杂的真核生物加入了它们的行列，但在很长一段时间内，这些真核生物仍然是单细胞生物。真正的多细胞真核生物的出现要晚得多，还得再过十几亿年。如此推算便可知：多细胞生物在地球上存在了大约 6 亿年，仅占生命历史总长的六分之一。然而，就是在这段时间里，多细胞生物衍生出了我们周围目力所及范围内形体最大的所有生命形态，包括高耸的森林、蚁群、巨大的地下真菌网络、非洲大草原上的哺乳动物群，以及距今年代最近的现代人类。

所有这些都是通过盲目的、未经引导但又极具创造性的自然选择进化过程发生的。但是，在思考生命体的诸多成就时，我们应该记住，只有当一个种群中的某些成员无法生存和繁殖时，进化才能有效地进行。因此，尽管生命作为一个整体已自证是顽强的、持久的且具有高度的适应能力，但单个生命体的寿命是有限的，当环境发生变化时，其适应能力是很有限的。这就是自然选择出手的时机：消灭旧的秩序，如果种群中存在更合适的变种，就为新秩序铺路。如此看来，死亡是生命的必由之路。

自然选择的无情筛选创造了许多意料之外的东西。最特别的产物之一就是人脑。就目前所知，没有其他生物像我们这样能意识到自身的存在。有自我意识的人类大脑一定是进化出来的——至少有一部分经过了进化——为了让我们在世界发生变化时有更多的余地来调整自身的行为。和蝴蝶，甚或其他所有已知的生物体不同的是，我们可以谨慎选择并反思自身行为的动因。

与其他生物系统一样，大脑的运作也基于相同的化学和物理过程。然而，不知为何，从同样相对简单的分子和众所周知的动能中，竟然涌现出了我们思考、辩论、想象、创造和受苦的能力。这一切是如何从我们大脑的湿化学中产生的？这给我们带来了一系列极具挑战性的问题。

众所周知，我们的神经系统的基础是数十亿个神经细胞（神经元）间极其复杂的相互作用，这些神经元会在相互之间创建数万亿个连接，被称为突触。这些深不可测、精妙繁复、持续变化、互相连通的神经元网络共同构建了信息通路，传输和处理丰富的电子信息流。

生物学中常见的研究方法是从较为简单的"模型"生物入手，通过研究像蠕虫、苍蝇和小鼠之类的生物，我们可以了解到大部分情况。对于这些神经系统如何通过感官从环境中收集信息，我们了解到的情况已经相当多了。研究人员已经做了全面细致的工作，追踪视觉、听觉、触觉、嗅觉和味觉信号在神经系统中的移动，还绘制了一些能够形成记忆、产生情绪反应和造成肌肉舒张等输出行为的神经元连接图。

这些工作都很重要，但只是个开始。对于理解数十亿个神经元之间的相互作用，是如何结合并产生抽象思维、自我意识和看起来的自由意志的，我们还只是在起跑线上。为这些问题找到合情合理的答案，可能要耗费 21 世纪这一百年，甚至可能需要更久。而且，我相信我们不能仅仅依靠传统的自然科学方法来达到这个目的。我们将不得不吸取心理学、哲学和更广泛意义上的人文科学带来的各种真知灼见。计算机科学也会很有助益。当今最强大的"人工智能"计算机程序就是用高度简化的形式，为了模拟生命体的神经网络处理信息的方式而构建的。

这些计算机系统展现了越来越惊人的数据处理能力，却没有表现出任何类似于抽象思维或想象力、自我意识或知觉的东西。哪怕只是定义我们所说的这些心智特性都非常困难。在这个方面，小说家、诗人或艺术家可以通过贡献创意想法的基础，通过更清晰地描述情绪状态，甚或通过追问存在的真正意义，助我们一臂之力。如果我们讨论这些现象时，能在人文和科学之间有更多的共同语言，或至少有更强大的智识联结，我们可能就可以更好地理解进化是如何以及为什么让我们发展成为化学和信息的系统，乃至以不可言说的方式意识到自己的存在的。要理解想象力和创造力是如何产生的，这本身就需要我们动用所有想象力和创造力。

宇宙的浩瀚超乎想象。根据概率定律，在所有的时间和空间中，生命似乎不太可能只在地球上繁盛过一次，更不用说有意识的生命了。至于我们以后会不会遇到外星生命则是另一个问题。但如果我们真的遇到了，我确信它们和我们一样，必然是自我维持的化学物理机器，经由自然选择进化产生，是一种基于信息编码构建的聚合物。

我们的星球是宇宙中唯一能确定生命存在的角落。我们在地球上的生命是非凡的。生命不断令我们感到惊喜，但是，哪怕其多样性令人眼花缭乱，科学家们仍致力于诠释生命的奥秘。正是这种对生命的理解，为我们的文化和文明做出了根本性的贡献。我们对"生命是什么"的理解不断加深，将有可能改善人类的命运。但是，对生命的认知绝不会止于人类本身。生物学已让我们明白，我们所知的一切生物体都是相互关联、密切互动的。我们与所有其他生命都有深厚的关联，在阅读本书的过程中，爬行的甲虫、感染的细菌、发酵的酵母、好奇的山地大猩猩和飞舞的黄蝴蝶一直陪伴着我们，同样，生物圈中的每一个成员也始终在我们身边。所有这些物种聚集在一起，都是生命世界里最伟大的幸存者，是同一个无法估量的庞大家族里最年轻的后裔，经由一连串不间断的细胞分裂，这个生命家族能回溯到时间的深处。

据我们所知，我们人类是唯一能看到这种深层联系，并思考这一切可能意味着什么的生命体。这让我们对这个星球上的生命负有某种特殊的责任，因为它们都算我们的亲戚，有些是近亲，有些是远亲。我们要关心一切生命，照料一切生命。而要做到这一点，我们首先要理解生命。

致　谢

感谢戴维·菲克林和罗西·菲克林为本书所做的努力；感谢多年来我实验室内外的朋友和同事们在生命本质问题上的尽兴讨论和分歧。最后，感谢本·马蒂诺加的鼎力相助，让我在撰写本书的过程中感到轻松愉快。

保罗·纳斯（Paul Nurse）是遗传学家和细胞生物学家，致力于研究细胞增殖的控制机制。纳斯是伦敦弗朗西斯·克里克研究所的所长，曾任英国癌症研究中心首席执行官、洛克菲勒大学校长和英国皇家学会会长。他获得了2001年诺贝尔生理学或医学奖，并获得阿尔伯特·拉斯克奖、英国皇家学会科普利奖章。

保罗·纳斯于1999年被封为爵士，2003年获得法国颁发的荣誉军团勋章，2018年获得日本颁发的旭日勋章。他曾在科技委员会任职十五年，为首相和内阁担任顾问，目前是欧盟委员会的首席科学顾问和大英博物馆的理事。他也是中国科学院外籍院士。

保罗喜欢驾驶滑翔机和老式飞机，是个合格的丛林飞行员，他还喜欢戏剧、古典音乐、山地健步、逛博物馆和艺术馆、慢跑（跑得很慢）。

《五堂极简生物课》是他的第一本书。

译者简介：于是，作家，文学译者。著有《查无此人》《你我好时光》《慌城孤读》等小说、散文，译有《云游》《证言》《时间之间》《美与暴烈》等数十部英美文学作品。

What Is Life? – Understand Biology In Five Steps
is a
DAVID FICKLING BOOK
First published in Great Britain in 2020 by
David Fickling Books,
31 Beaumont Street, Oxford, OX1 2NP
Text © Paul Nurse, 2020
Edited by Ben Martynoga
Cover design by Paul Duffield

© 中南博集天卷文化传媒有限公司。本书版权受法律保护。未经权利人许可，任何人不得以任何方式使用本书包括正文、插图、封面、版式等任何部分内容，违者将受到法律制裁。

著作权合同登记号：图字 18–2021–62

图书在版编目（CIP）数据

五堂极简生物课 /（英）保罗·纳斯著；于是译
. –– 长沙：湖南科学技术出版社，2021.7
ISBN 978–7–5710–0984–7

Ⅰ . ①五… Ⅱ . ①保… ②于… Ⅲ . ①生物学—普及读物 Ⅳ . ① Q–49

中国版本图书馆 CIP 数据核字（2021）第 093865 号

上架建议：畅销·科普

WU TANG JIJIAN SHENGWU KE
五堂极简生物课

作　　者：［英］保罗·纳斯（Paul Nurse）
译　　者：于　是
出 版 人：张旭东
责任编辑：刘　竞
监　　制：吴文娟
策划编辑：董　卉
特约编辑：包　玥
版权支持：姚珊珊
营销编辑：闵　婕
封面设计：梁秋晨
版式设计：李　洁
内文插图：孙　显
出　　版：湖南科学技术出版社
　　　　　（长沙市湘雅路 276 号　邮编：410008）
网　　址：www.hnstp.com
印　　刷：北京中科印刷有限公司
经　　销：新华书店
开　　本：855mm×1180mm　1/32
字　　数：100 千字
印　　张：5.5
版　　次：2021 年 7 月第 1 版
印　　次：2021 年 7 月第 1 次印刷
书　　号：ISBN 978–7–5710–0984–7
定　　价：56.00 元

若有质量问题，请致电质量监督电话：010–59096394
团购电话：010–59320018